2e SÉRIE, N° 5.

BIBLIOTHÈQUE·RURALE

INSTITUÉE

PAR LE GOUVERNEMENT.

LES

INSTRUMENTS D'AGRICULTURE

A L'EXPOSITION DE LONDRES.

Imprimerie de G. Stapleaux.

LES
INSTRUMENTS D'AGRICULTURE

A

L'EXPOSITION UNIVERSELLE DE LONDRES

PAR

UN CONSTRUCTEUR BELGE.

* * *

BRUXELLES.

AU BUREAU DE LA BIBLIOTHÈQUE RURALE,
RUE DE LA MONTAGNE, N° 51.

1852

INSTRUMENTS D'AGRICULTURE

A

L'EXPOSITION DE LONDRES.

Les instruments d'agriculture se divisent en deux grandes classes : la première comprend les machines destinées à travailler la terre, à la nettoyer avant les semailles, à la préparer pour les recevoir, à l'ensemencer, à butter les plantes, à les débarrasser des mauvaises herbes, et enfin à couper les moissons ; la seconde comprend les machines qui servent à l'exploitation intérieure des fermes, et que l'on peut ranger dans l'ordre suivant : les machines à battre les céréales ou les plantes à courtes tiges, celles qui servent à nettoyer les grains, les ustensiles destinés à préparer la nourriture des bestiaux, tels que les hache-paille, les lave-racines, les coupe-racines, les concasseurs de graines et de tourteaux, et enfin les machines à égrener le maïs, les barattes, les machines à broyer les engrais tels que les os ou le phosphate de chaux, les pompes à purin, etc.

Tel est l'ordre que nous avons suivi dans l'examen de l'immense collection d'instruments aratoires réunis à l'Exposition universelle de Londres, et que nous allons suivre dans ce compte rendu bien imparfait, certainement, car ce riche musée exigeait une étude plus longue que celle qu'il nous a été possible d'en faire, des connaissances en agriculture et une expérience que malheureusement nous ne possédons pas, et il faut tenir compte de la difficulté que l'on éprouve à se rappeler les détails de construction d'un instrument et à les décrire, lorsque l'on n'a pu en prendre le moindre croquis, ce qui était sérieusement interdit.

Charrues.

L'instrument d'agriculture, qui occupe sans contredit le premier rang, est la charrue; en examinant les charrues américaines, anglaises, belges et françaises, on peut remarquer les caractères généraux suivants : les charrues françaises fortement construites, et dont plusieurs exigent qu'on emploie trois ou quatre chevaux, tendent à produire un grand travail tant pour la largeur que pour la profondeur, surtout, du labour; mais, abstraction faite de leurs dimensions, la forme aiguë de leur soc et leur versoir roide, peu creusé, et dont l'arête postérieure est verticale en grande partie, et peu recourbée vers son sommet, présentent une grande analogie avec les formes des charrues belges. On est porté à conclure de ces formes que dans l'un et l'autre pays on a attaché beaucoup d'importance à réduire l'effort de traction et à retourner complétement la terre, mais sans plus.

En effet, d'une part, pour pénétrer dans la terre facilement, la partie saillante de la charrue doit présenter la forme d'un coin dont l'action est d'autant plus énergique, relativement à l'effort, que sa longueur est plus grande comparativement à la largeur de sa tête; d'autre part, pour retourner la bande, le versoir doit être d'autant plus allongé et recourbé que la terre est moins forte, parce que, lorsque ses parties sont peu adhérentes les unes aux autres, elle doit monter sur un plan légèrement incliné pour ne pas retomber sur soi immédiatement après que la bande a été détachée, et, par le motif contraire, le versoir doit être d'autant plus court et droit que la terre est plus forte. Les charrues belges et françaises présentent ces deux points de ressemblance d'une manière assez prononcée. Pour réduire encore les résistances, le versoir, à sa partie inférieure qui touche le sol, embrasse une surface un peu moins large que celle que le soc a traversée, ou, s'il embrasse une surface aussi large, ce n'est que sur une petite partie de sa longueur; il évite, en quelque sorte, de frotter la bande de terre qu'il a retournée.

Il résulte de ces dispositions plus de facilité dans le travail; mais la terre est simplement retournée, et, pour ainsi dire, abandonnée immédiatement à elle-même.

Les charrues anglaises sont, en général, construites d'après d'autres principes; nous devons insister sur l'expression *en général* dont nous nous servons ici, parce qu'il doit être bien compris qu'il n'y a rien d'absolu dans les formes dont nous parlons. Ainsi quelques charrues anglaises sont très-puissantes; quelques-unes ressemblent aux charrues étrangères, mais ce sont des exceptions. En général donc, elles paraissent indiquer l'intention de comprimer la bande de terre que l'on détache contre celle qui précède, et de ne point attacher d'importance à l'effort qu'il faut faire. C'est ce que nous avons entendu dire à une personne qui paraissait être fort initiée à la pratique des cultivateurs anglais, et cette assertion est corroborée par l'examen raisonné des formes des charrues anglaises. Elles sont pour la plupart fort longues; on en voit beaucoup qui ont de 1ᵐ,15 à 1ᵐ,20 de longueur mesurée de l'extrémité du soc à l'extrémité postérieure du versoir; le soc est presque aussi large que long; sa partie saillante est quelquefois carrée; son tranchant est incliné sous un angle de 40 à 45 degrés relativement à la direction; il n'a guère que 0^m,20 à 0^m,25 de longueur, et autant de largeur; la partie inférieure du versoir, parallèle au sillon, en embrasse autant de largeur que le soc, ou à peu près, sur les deux tiers de sa longueur; le versoir présente une courbe longue et douce, et lorsque sa partie postérieure devient saillante, en son point le plus élevé, sa partie inférieure se recule vers la semelle, enfin il n'est pas très-haut. Le règlement de police de l'Exposition universelle s'opposant, comme nous l'avons dit, à ce que l'on prenne des mesures ou des croquis des objets exposés, il ne nous est pas possible de donner sur ces dimensions des chiffres précis, mais cette description permet de reconnaître que les charrues anglaises ne peuvent guère attaquer qu'une bande de 0^m,25 de largeur, au plus, sur une profondeur à peu près égale à la largeur, que leur soc n'est pas dans de bonnes conditions pour pénétrer dans la terre, et que si une notable partie du versoir sert à lustrer la bande de terre qui est maintenue par la partie postérieure du versoir, il doit en résulter une réaction et des frottements qui exigent un assez grand effort de traction.

La bande de terre est bien détachée, renversée et lustrée; le travail est beau; mais est-il bon? Vaut-il mieux ou moins que celui des charrues belges et françaises, qui renversent la terre sans la comprimer?

Tels sont les points sur lesquels il existe une controverse que l'on ne pourra juger que par des essais suivis d'une culture complète et pratiquée sur des terrains de même nature que les terrains anglais; car il est possible que ce qui serait mauvais pour le sol de la Belgique ou de la France fût très-convenable en Angleterre, et il est peu probable qu'un peuple, qui a perfectionné tant d'industries, s'obstine, par exception, à rester dans ce qui serait une routine nuisible aux intérêts de l'agriculture, qui est particulièrement en honneur chez lui.

Les charrues américaines participent des charrues anglaises et des charrues belges et françaises ; le soc est de forme anglaise, mais le versoir se rapproche de ceux des charrues belges ou françaises, et présente, des unes aux autres, les différences de formes que l'on remarque dans celles-ci.

Les charrues anglaises sont presque exclusivement construites en fonte et en fer ; l'emploi du bois fait exception ; le soc, le versoir, la semelle, les étançons qui en font partie, et le régulateur, sont le plus souvent en fonte ; les mancherons, le coutre, le petit soc et l'age sont en fer.

Le soc est en fonte trempée, et il ne sera pas sans intérêt pour les constructeurs de connaître le procédé de fabrication suivi pour cette pièce ; le soc est évidé, à sa partie inférieure, de telle sorte que son contour frotte seul sur le sol, ainsi qu'une partie de la mortaise qui reçoit l'extrémité de la semelle ; cette partie devant être ajustée doit être en fonte douce, mais le contour du soc et sa surface supérieure, qui sont soumis au frottement continuel de la bande de terre qu'il détache, doivent être en fonte très-dure. Pour obtenir des socs qui satisfassent à ces conditions, les constructeurs emploient des *coquilles* en fonte ; le soc est coulé de telle sorte que sa face supérieure soit en dessous et repose sur la coquille qui en a la forme ; sur cette coquille se place un châssis, dans lequel on tasse le sable qui reçoit l'empreinte de la partie inférieure du modèle ; le noyau, pour la mortaise dans laquelle l'extrémité de la semelle doit s'engager, est un morceau de fonte fixé par clavette et goujon sur une saillie qui fait partie de la coquille; la cavité est donc toujours exactement la même. On fait chauffer le noyau en fonte à 60 ou 80° avant de couler la pièce, et il est placé ainsi dans le moule sans être recouvert d'aucune préparation telle que noir de charbon ou argile délayée; la fonte ne s'y attache pas et il suffit d'un faible coup de marteau pour le détacher; c'est un point important que nous avons déjà vérifié par expérience avec un succès complet.

Le croquis ci-contre, en donnant une idée de la forme d'un soc, servira à faire comprendre le procédé de moulage que nous venons de décrire.

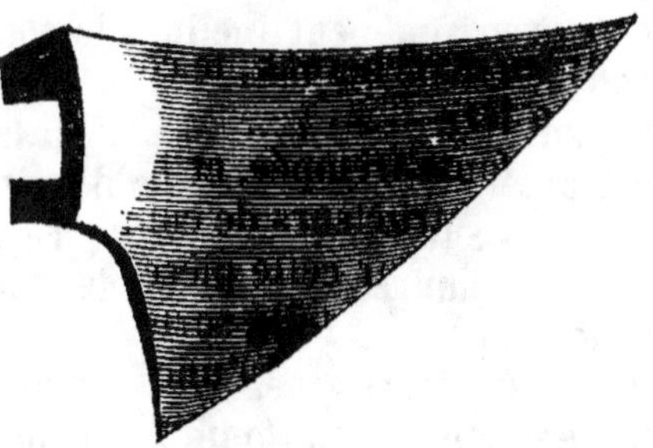

MM. Ransome et Howard ont exposé des charrues qui, indépendamment de leur parfaite fabrication, présentent une disposition de détail fort intéressante; le soc, au lieu d'être fixé à la semelle en fonte, est attaché à un levier de 0^m,35, environ, de longueur, qui se meut dans un plan vertical. Ce levier porte, près du soc, deux petits tourillons qui s'appuient dans des échancrures, dont l'une est pratiquée dans l'étançon antérieur, et l'autre dans une oreille venue de fonte avec la semelle près de cet étançon; une vis, placée à la tête du levier, le maintient contre l'étançon postérieur, et à la hauteur que l'on juge convenable ;

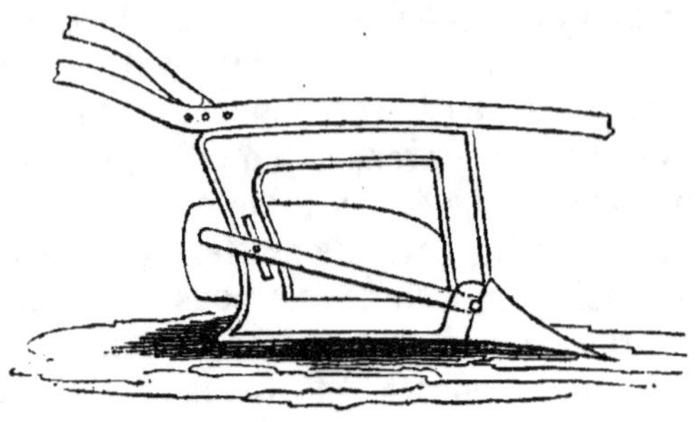

parfois on ajoute une longue vis parallèle au levier, qui sert à maintenir le soc avec plus de rigidité.

Par ce moyen, on peut incliner le soc pour remédier à son usure, ou pour lui donner plus ou moins d'*entrure*, suivant la nature du sol ou la profondeur à laquelle ont veut labourer, sans devoir agir par le poids du corps sur les mancherons, ce qui est fatigant pour le laboureur et accroît la charge que les chevaux doivent tirer.

Les charrues américaines sont presque toutes entièrement en bois et en fonte ; l'économie la plus grande a présidé à leur construction ; cette économie a même été poussée parfois beaucoup trop loin, car les charrues de M. Allen, par exemple, n'ont ni pied, ni coutre, ni petit soc ; l'arête supérieure du versoir, qui se redresse d'une manière prononcée, est, comme le tranchant du soc, à peu près à angle demi-droit avec la direction, ce qui rend le versoir fort court ; le point d'attelage ne peut varier que latéralement. Ces charrues ne sont, paraît-il, convenables que pour des terres légères.

Les charrues de MM. Hall et Speer, de Pittsburg,

offrent cette particularité, dont on voit un exemple au Musée de Bruxelles, que le coutre est coulé d'une seule pièce avec le soc, ce qui réduit évidemment le prix de la matière et de l'ajustement ; mais l'age et les mancherons sont en fer, et il en résulte une augmentation de prix qui s'écarte de l'idée d'économie qu'elles paraissent vouloir réaliser.

De toutes les charrues américaines, celles de MM. Starbuck, de New-York, ont eu le plus de succès ; elles sont en bois et en fonte, plus grandes que les autres charrues du même pays, et calculées, comme elles, pour renverser la terre sans la comprimer ; elles ont une roulette pour pied, un petit soc et un coutre ; leurs belles proportions ont déterminé plusieurs agriculteurs français à en commander un assez grand nombre.

Beaucoup de charrues françaises sont en bois, en fonte et en fer. L'introduction de la fonte indique une tendance vers une économie bien entendue, car les étançons et la semelle en bois sont des pièces qui se déforment et s'usent assez promptement.

Les charrues belges sont les seules qui soient faites exclusivement en bois et en fer forgé ; nous ne parlerons pas de leurs formes qui sont bien connues, ni de leur mérite qui l'est encore plus ; les charrues auxquelles MM. d'Omalius, Delstanche et Odeurs ont donné leur nom, n'ont plus besoin d'éloges. Il est désirable seulement que pour que ces excellents instruments soient plus répandus encore qu'ils ne le sont, la fonte se substitue à quelques organes en fer d'un prix élevé.

Il serait donc, croyons-nous, d'une grande utilité, que le gouvernement achetât : 1° la charrue de M. Ball, de Rothswell près Kettering, qui a obtenu un prix dans le concours ; 2° la charrue de M. Ransome avec soc mobile : cette charrue a fort bien fonctionné ; 3° la charrue n° 5 ou n° 6, de MM. Starbuck, de New-York, non-seulement pour que l'on puisse les soumettre à des épreuves comparatives avec les charrues belges, mais pour que les constructeurs aient sous les yeux des modèles qui leur donneraient les moyens de produire ces instruments à prix réduits.

Plusieurs constructeurs américains, anglais, belges et français, ont exposé des charrues à socs et versoirs mobiles pour labourer en revenant sur ses pas ; nous allons en parler rapidement : il en existe de trois systèmes différents :

1° Les unes ont deux socs et deux versoirs symétriques par rapport à un axe parallèle au sol ; ceux qui ne fonctionnent pas sont renversés et au-dessus de ceux qui fonctionnent. Lorsque le sillon est terminé, le laboureur retourne sa charrue, il pousse

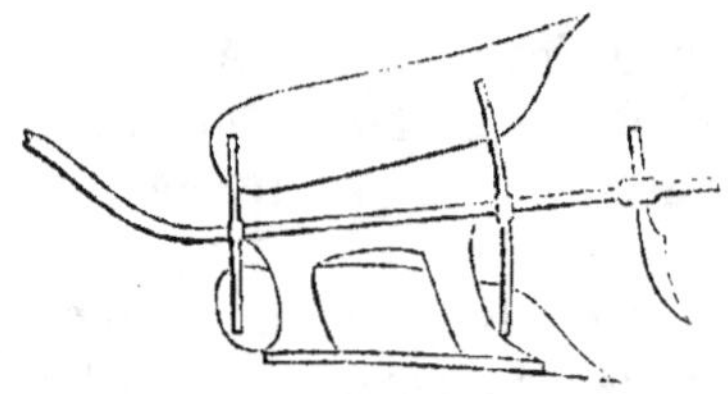

latéralement le soc et le versoir qui ont travaillé, et par le mouvement de rotation qu'il lui imprime, il les relève ; le soc et le versoir qui étaient au-dessus s'abaissent, et en tournant autour de l'axe ils se placent à droite des étançons si les premiers étaient à gauche, ou réciproquement.

2° D'autres charrues se composent d'un soc et d'un versoir creusés symétriquement par rapport à la ligne qui, partant de la pointe du soc, aboutirait au milieu de l'arête opposée au versoir. Deux crampons s'appuyant au milieu de l'épaisseur des étançons d'une part, et fixés d'autre part au soc et au versoir, maintiennent ces pièces à la distance voulue de l'age, et forment un axe de rotation. Si on suppose que ao représente l'étançon vu par derrière; que boc soit le versoir qui est attaché au point de rotation o; que l'on détache le crochet $d\,e$, et que l'on soulève l'age, le versoir, par son poids, prendra la position $ob'c'$;

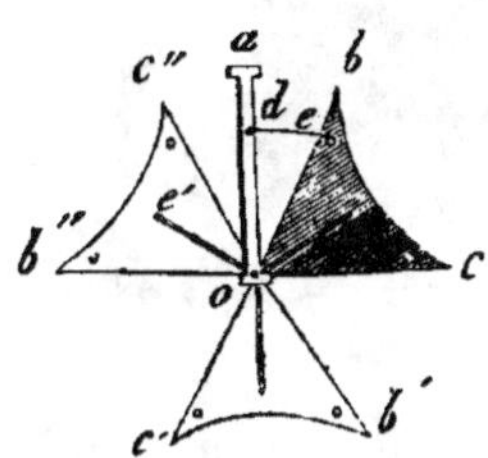

si on lui imprime un mouvement d'oscillation latérale, il prendra la position $b''oc''$; on le maintiendra dans cette position au moyen du crochet $d\,e'$, et il est facile de voir qu'alors la charrue pourra revenir et travailler dans le même sillon.

Les charrues de MM. Starbuck, de New-York, et Verbist, de Nivelles, sont de ce genre : la première est en fonte, et, quoique fort petite, elle est très-pesante; celle de **M.** Verbist est en fer et beaucoup plus légère que celle de **M.** Starbuck, quoique plus grande : ses formes paraissent être beaucoup mieux conçues. Le Musée de Bruxelles possède déjà une charrue ainsi construite.

3° D'autres, enfin, sont composées de deux charrues symétriques, adossées et séparées par une pièce en forme de coin qui, étant mobile autour d'un axe vertical, forme alternativement le versoir de l'une et de l'autre charrue; les extrémités de l'age sont reliées

par une barre ronde, qui forme avec lui un anneau très-allongé; lorsque la charrue est arrivée à
l'extrémité du sillon, le laboureur fait tourner ses

chevaux du côté du terrain qui n'est pas labouré;
l'anneau d'attelage glisse le long de la barre de fer
rond, et s'arrête à l'extrémité opposée. Pendant que
les chevaux font ce mouvement, le laboureur relève
les mancherons, il leur fait faire un mouvement de
culbute, et leur support, qui est à charnière, s'engage dans une mortaise pratiquée dans l'age. Aussitôt que la charrue entame le terrain, la pression de
la terre fait tourner le versoir autour de sa charnière
et lui fait prendre la position convenable.

Des constructeurs anglais, fort habiles, considèrent
ces instruments comme la preuve des sacrifices qu'ils
doivent faire parfois à l'esprit d'innovation irréfléchie
de quelques agronomes, et, tout en construisant ces
charrues, ils reconnaissent qu'elles sont entachées
des plus graves défauts. Les charrues doubles sont
pesantes et coûteuses. A moins de donner une longueur extraordinaire à celles dont il a été question
en dernier lieu, il est impossible que leur versoir ait

la meilleure forme, et c'est aussi le défaut que présentent les charrues dont il a été question en second lieu, la partie inférieure du versoir, c'est-à-dire celle qui rencontre le sol, étant trop saillante et donnant lieu à un frottement nuisible.

Lord Sommerville a imaginé, il y a quelques années, d'accoupler deux charrues d'une manière rigide, en les disposant comme le seraient deux charrues traînées par des chevaux, et qui seraient aussi rapprochées que possible l'une de l'autre; cette idée a eu quelque succès, et on lui a donné une grande extension en accouplant six charrues comme nous venons de le dire. On a employé la puissance de la vapeur pour mouvoir cette charrue sextuple. Une machine locomobile, placée à l'extrémité du champ, fait mouvoir un tambour horizontal, sur lequel s'enroule une chaîne ou un câble qui entraîne la charrue; lorsqu'elle arrive à l'extrémité de sa course, on la déplace latéralement ainsi que la machine locomobile, qui, par l'intermédiaire d'une poulie de renvoi, lui communique d'abord un mouvement rétrograde, puis l'entraîne de nouveau et lui fait pratiquer six nouveaux sillons.

Cet instrument fonctionne bien : c'est un point fort important sans doute; mais son prix, qui est fort élevé, celui de la machine locomobile qui l'est bien plus encore, sont de graves obstacles à son adoption, et il faut encore voir jusqu'à quel point on pourrait, dans une ferme, remplacer les chevaux par une machine à vapeur.

CHARRUES A SOUS-SOL.

Il n'existe à l'Exposition qu'une charrue à soussol, que le catalogue signale comme un instrument perfectionné par M. le marquis de Tweeddale, et c'est à cause de cela seulement que nous croyons devoir en parler ici. La différence qui existe, nous a-t-il paru, entre cette charrue et celle de Read, consiste en ce qu'elle est munie d'un soc gigantesque de $0^m,90$ environ, et de $0^m,30$ à peu près de largeur.

Nous n'avons pas compris l'utilité de la longueur du soc; quant à sa largeur, il est probable qu'elle a pour but de soulever le sol sous toute la largeur du sillon d'une charrue ordinaire.

Extirpateurs, Scarificateurs, Houes.

Parmi les grands instruments destinés à ameublir la terre ou à la nettoyer, il n'y en a que peu ou point qui ne soient connus. Il est inutile de parler de la houe extirpateur de Ducie, de celle de Fialayson, de la houe de Garrett, etc., qui existent au Musée de Bruxelles ou qui ont été décrites dans plusieurs ouvrages périodiques : celles qui sont moins connues ne sont guère que des modifications des premières.

Ainsi le cultivateur ou le scarificateur de Coleman, qui a obtenu un premier prix, n'est autre chose que le scarificateur de Ducie, dont les porte-lames sont rendus mobiles autour de fortes charnières; un arbre horizontal porte sept leviers qui commandent les porte-lames. Il en résulte qu'en faisant tourner cet arbre au moyen d'un grand levier, on incline plus ou moins les porte-lames, qui pénètrent plus ou moins profondément dans le sol. Pour que les lames soient horizontales, ce qui est une condition importante pour avoir le minimum de résistance, il faut abaisser ou relever les roues qui sont indépendantes les unes des autres.

Cette opération se fait pour l'extirpateur de Ducie au moyen d'une vis sans fin qui, par un engrenage et un levier, agit simultanément sur les trois roues. Le

mouvement est simple et prompt. Il résulte donc de cette comparaison que nous n'avons pu reconnaître la modification faite par M. Colman au scarificateur de Ducie, et qui a été assez importante pour lui faire obtenir un prix. Il est très-probable que la médaille lui aura été décernée à la suite d'épreuves dont nous n'avons pas eu connaissance.

Les instruments de ce genre, destinés à la petite culture, sont peu nombreux; mais il y en a deux dont les détails de construction méritent d'être signalés, parce que leur simplicité et leur prix peu élevés doivent les mettre à la portée de tous, et donneront lieu vraisemblablement à de nouvelles créations analogues.

L'un est le cultivateur ou scarificateur à bras, exposé par M. Warren; cet instrument se compose d'un petit châssis en fonte, de $0^m,60$ à peu près de lar-

geur et de $0^m,20$ de longueur dans le sens de la traction : il n'a que $0^m,07$ de hauteur et $0^m,015$ d'épaisseur. A la traverse postérieure, on adapte des lames de formes diverses, dont on peut faire varier la position à volonté. Dans un renflement, qui existe de chaque côté, passe une pièce de fonte coudée, que l'on peut faire sortir plus ou moins de sa mortaise; cette pièce reçoit elle-même une pièce en fonte à laquelle s'adapte l'essieu de chaque roue; à la traverse antérieure sont deux saillies contre lesquelles on attache deux morceaux de bois réunis par une traverse qui sert à traîner l'instrument. Presque toutes les pièces de ce cultivateur étant en fonte et légères, il peut être construit à bas prix; on a toutes les facilités désirables pour le relever ou l'abaisser relativement aux roues qui sont indépendantes l'une de l'autre; les garnitures reçoivent, suivant l'occurrence, des dents de herse, des buttoirs, etc. Cet instrument serait donc très-précieux dans les petites cultures; on s'occupe de le reproduire, et il est fort présumable qu'il sera favorablement accueilli dans les exploitations de peu d'étendue.

L'autre est la houe à cheval, exposée par **M.** William Smith, de Kettering, et à laquelle le constructeur a adapté un semoir à trèfle. Cet instrument peut servir de herse, de rayonneur, d'extirpateur, de buttoir pour les lignes peu écartées ; lorsqu'il ne porte pas le coffre du semoir, l'essieu est brisé et disposé de telle sorte que l'on puisse faire varier l'écartement des roues. Dans l'intérieur du coffre du semoir est

un arbre garni de sept brosses circulaires qui agitent la semence et la font sortir par les orifices qui leur correspondent ; cet arbre porte à l'extérieur un pignon qui reçoit le mouvement d'un engrenage attaché à la roue de droite.

Aux extrémités du semoir se trouvent deux œillets en fer, à chacun desquels s'attache un crochet formé par la réunion de deux barres de fer plat, d'environ 0^m,040 de largeur sur 0^m,010 d'épaisseur, qui s'écartent l'une de l'autre, de manière qu'à 1^m environ du semoir, elles sont parallèles et écartées de 0^m,06 environ l'une de l'autre. Elles conservent leur parallélisme sur une longueur de 0^m,60 à peu

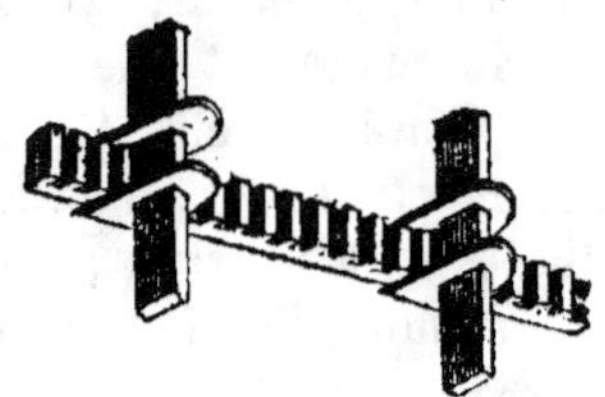

près, et, en se relevant, elles se recourbent et se rapprochent de manière à former les mancherons ; les deux systèmes de barres façonnées, comme nous venons de le dire, sont à 0^{m}90, à peu près, de distance latérale l'un de l'autre, et sont assemblés au moyen de deux barres de fer plat, de 0^m,060 sur 0^m,015, posées de champ de l'un à l'autre. Ces barres sont étampées et présentent alternativement une dépression de 0^m,015 à peu près de largeur, et une partie saillante moins large ; l'une de ces barres a 1^m,20 de longueur, celle qui est en arrière est longue de 1^m,50 environ ; c'est sur ces deux barres que sont fixées les lames des scarificateurs, rayonneurs, ou les petits buttoirs que l'on veut employer. Le mode d'attache de ces lames contre les barres consiste en une bande de fer recourbée, de manière à embrasser la barre, et percée de deux trous qui se correspondent, et dans lesquels entre la lame qui se place vis-à-vis d'une dépression, et qui est maintenue par une vis de serrage. Il est donc très-facile de disposer les deux lignes de lames de manière à nettoyer parfaitement le terrain, à butter les plantes et à ameublir le sol à des profondeurs diverses.

Les assemblages n'étant pas rigides, le laboureur peut, par la facilité que les crochets d'attelage lui

2.

présentent, soulever l'instrument et le faire obliquer à droite ou à gauche lorsque les lames se rapprochent trop d'une ligne de plantes. Lorsque l'on fait usage du semoir, on dispose les lames de manière à effleurer la terre pour recouvrir la semence.

M. le docteur Newington a fait exposer plusieurs petites houes ou binettes; mais il nous paraît qu'il serait superflu de les décrire, aucune d'elles n'étant supérieure à celles qui existent en Belgique. Une particularité, qui mérite d'être mentionnée, est la construction en fonte des socs ou versoirs d'un rayonneur américain; c'est évidemment un moyen d'économie qui doit être adopté.

Semoirs.

Les semoirs sont nombreux, mais ils présentent peu de modifications importantes; ce sont, en général, des semoirs à cuillers avec distributeurs articulés, rayonneurs ordinaires, avec ou sans couvre-graines à contre-poids; l'arbre qui porte les plateaux armés de cuillers est mû par l'essieu et par une série d'engrenages. Le prix élevé de ces instruments, qui coûtent de 500 à 1,200 francs, assure pour long-temps en Belgique la préférence au semoir écossais perfectionné par M. Claes, d'autant plus que cet instrument satisfait à toutes les conditions désirables pour un bon service.

La médaille qui lui a été décernée est une preuve du jugement éminemment favorable que le jury et le public ont porté sur cet instrument.

Le semoir de M. Hornsby présente une disposition bien simple et fort heureuse, dont le but est d'en rendre le coffre horizontal malgré la déclivité du terrain. Le coffre, indépendant de ses accessoires, est fixé sur un arbre à tourillons qui lui est perpendiculaire et sur lequel il repose au milieu de sa longueur ; il peut donc osciller sur cet arbre, et si l'une de ses extrémités s'élève, l'autre s'abaisse et réciproquement. A l'une des extrémités du coffre sont atta-

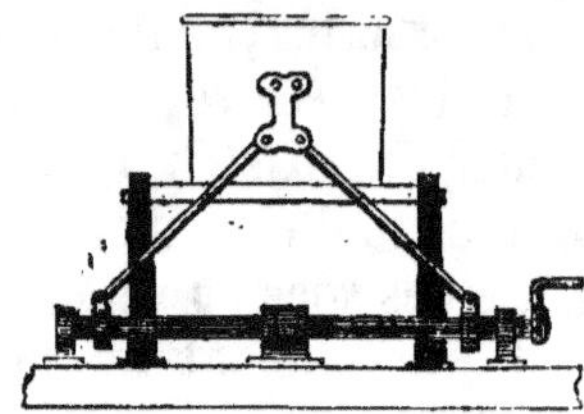

chées deux tiges réunies par charnière à leur sommet, et qui s'écartent ou se rapprochent comme les branches d'un compas dans le sens de la direction ; leurs extrémités inférieures sont terminées par des écrous filetés en sens inverse, et qui s'adaptent à un arbre dont chaque moitié est aussi filetée en sens inverse ;

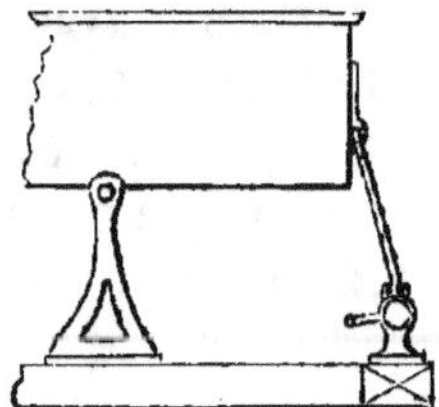

cet arbre est maintenu en trois points de sa longueur, où il est cylindrique, par trois petits supports fixes ; il en résulte que, lorsqu'on le fait tourner, on rapproche ou on éloigne simultanément les deux écrous, et par conséquent les extrémités inférieures des tiges ; leur sommet s'élève alors ou s'abaisse, et produit le même effet sur l'extrémité du coffre, ce qui permet au laboureur de le maintenir horizontal dans des limites fort étendues.

Les petits semoirs à brouette, et notamment celui de **M. G. Ponton**, présentent une amélioration qui consiste en ce que l'on a remplacé les quadruples manivelles appliquées au semoir à brouette, tel qu'on le voit au Musée de Bruxelles, par des engrenages pareils à ceux qui se trouvent au semoir pour graine de trèfle, ce qui en rend la fabrication bien plus facile et plus parfaite.

M. W. East a exposé un semoir-plantoir, qui ne sème que sur deux lignes que l'on peut rapprocher ou écarter à volonté; le prix de ce petit instrument est de 16 liv. sterl. ou 400 francs, et ce prix élevé, ainsi que le peu de travail produit, nous porte à croire que le semoir de **M. W. East** ne sera pas adopté par l'agriculture; mais, malgré cela, nous croyons devoir le décrire parce qu'il présente d'ingénieux détails qui pourront être utilisés.

Un essieu coudé, sur lequel sont calées les deux roues de derrière, reçoit deux petits longerons en fer

qui se réunissent en avant, et forment une douille dans laquelle passe une crémaillère verticale qui porte, à son extrémité inférieure, la roue de devant; l'essieu porte le coffre du semoir et deux distributeurs qui peuvent s'écarter ou se rapprocher l'un de l'autre. Un petit mouvement règle la quantité de graine qui tombe d'une manière intermittente.

A l'une des extrémités de l'essieu coudé est un engrenage conique qui est conduit par un pignon et une manivelle; en agissant sur ces engrenages, on fait tourner le corps de l'essieu, et on abaisse ou on relève les deux grandes roues; à l'autre extrémité de l'essieu coudé est une poulie, qui, en tournant, communique son mouvement, au moyen d'une corde en gutta-percha, à une seconde poulie portée par la partie antérieure du longeron; cette poulie fait tourner un pignon, et celui-ci abaisse ou élève la crémaillère qui porte la roue antérieure; tout le corps de l'instrument est donc élevé ou abaissé par le seul mouvement de la manivelle.

Entre les deux longerons, et sur un arbre transversal, sont deux roues de 0^m,45 à peu près de diamètre, qui portent, chacune sur leur jante, 16 plantoirs en fer coniques; on peut écarter ou rapprocher

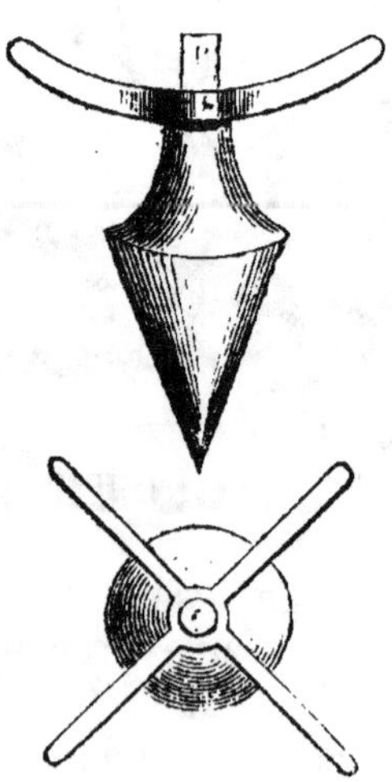

ces roues l'une de l'autre ; chaque plantoir porte à sa tête quatre petites branches en croix qui font corps avec lui, et il ne tient à la roue que par une broche qui peut tourner dans le trou de la jante qui la reçoit. Lorsque le semoir s'avance, les plantoirs pénètrent en terre par le poids de l'instrument et lorsque chacun d'eux est vertical ; les branches en croix rencontrant alors une tringle verticale, qui descend du longeron, sont obligées de tourner pour passer, ce qui fait tourner aussi le plantoir dans la terre, comme le ferait la main de l'homme. Les distributeurs versent dans chaque cavité la quantité de graine voulue, et une petite herse recouvre la semence.

On peut donc, avec cet instrument, semer en quinconce, ce qui rend le sarclage très-facile ; les graines sont enterrées à la profondeur que l'on juge convenable et en telle quantité que l'on veut, mais l'instrument n'ensemence que sur deux lignes, et ce travail n'est en rapport ni avec la puissance motrice qu'exige le semoir de M. East, ni avec son prix, ni avec la complication de ses organes.

Le plantoir de M. Th. Rive est analogue à celui du docteur Newington, plus complet mais plus compliqué. Ce plantoir est muni de deux leviers attachés aux extrémités de sa traverse supérieure et qui sont supportés, au milieu de leur longueur, par deux montants verticaux dont les extrémités inférieures sont reliées aux extrémités du plantoir. Si le cultivateur s'appuie sur les leviers, il soulève le plantoir et peut le pousser en avant en forçant les montants à s'incliner : il relève alors les leviers en prenant le plantoir pour point d'appui, et il fait avancer les montants à leur tour, autant que le permettent des brides qui règlent les écartements pour les deux mouvements.

Lorsque le plantoir est appuyé sur le sol, il y pratique sept cavités; lorsqu'on le relève, le mouvement découvre et ferme presque immédiatement les orifices qui répandent les semences. On peut donc, par ce moyen, semer en lignes fort droites, et disposer aussi les semences en lignes droites transversalement, ce qui présente de grandes facilités pour le nettoyage : le mouvement de l'instrument peut être très-rapide, mais en définitive son travail est subordonné à celui qu'un homme peut faire, et, par conséquent, il ne peut guère être utilisé que pour des cultures peu importantes.

Binoirs. — Buttoirs.

Les binoirs ou les buttoirs sont en petit nombre à l'Exposition : ceux qui s'y trouvent ressemblent soit à celui que M. d'Omalius a placé au Musée de Bruxelles, soit à celui qui a été acheté, il y a quelques années, en Angleterre, et qui fait partie de la même collection.

M. Ransome, toutefois, en a exposé un qui présente de fort bonnes dispositions : on enlève facilement les

deux versoirs, on engage dans l'age deux barres de fer reliées entre elles par des tringles qui leur donnent une grande force de résistance, et on adapte à ces barres deux lames recourbées; l'instrument peut alors faire l'office d'une houe. Lorsque l'on veut

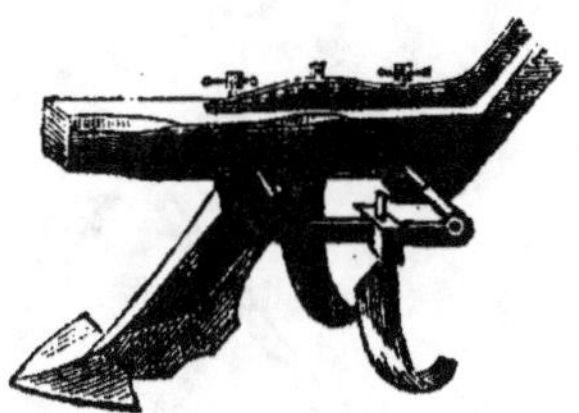

ameublir un terrain compacte et qui est rempli de petites racines, on ne conserve que le corps du buttoir, et on lui adapte un soc fort large qui porte deux tranchants verticaux. La terre est coupée par le passage de l'instrument en fragments assez petits dont les intempéries achèvent de détruire la cohésion. On

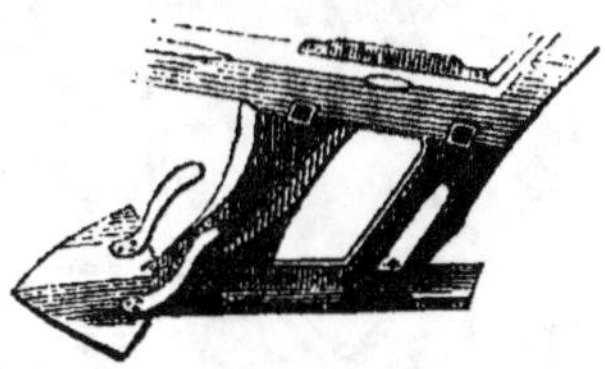

a donc à la fois un buttoir, une houe et une charrue pour le défrichement, et on peut même en faire une charrue à sous-sol.

Herses.

La herse qui a obtenu la médaille, pour les instruments anglais de ce genre qui figurent à l'Exposition, est celle de **M.** Coleman, de Chelmsford; cette herse

est formée de plusieurs barres longitudinales en fer
carré, d'égales longueurs, divisées en quatre parties
par huit plaques qui sont rivées avec elles et qui se
correspondent : ces plaques sont, de chaque côté de

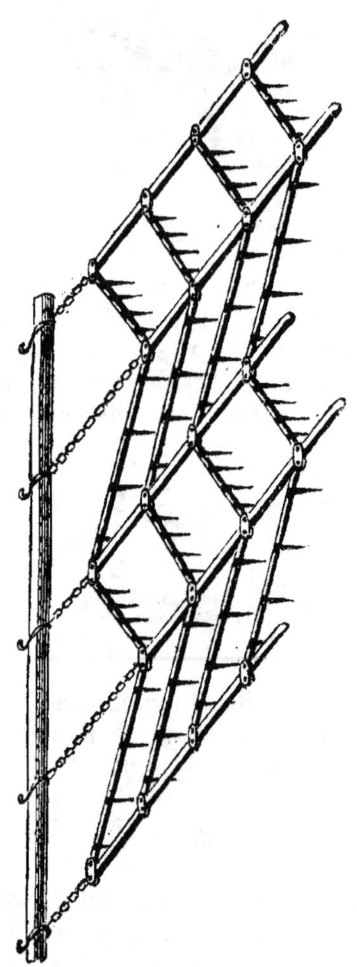

la barre, percées de trous qui se correspondent aussi : elles forment, par conséquent, des charnières dans lesquelles s'engagent des traverses qui relient ces barres les unes aux autres et qui portent les dents de la herse. Lorsque les barres longitudinales sont placées de telle sorte que leurs extrémités soient sur la même ligne, leur écartement de l'une à l'autre est d'environ $0^m,90$, et les sillons tracés par les dents de la herse sont à $0^m,25$ à peu près l'un de l'autre : mais on peut rapprocher les barres longitudinales par le mouvement de parallélogramme des traverses, et, par suite, les sillons que tracent les dents.

La disposition particulière à cette herse, et qui a motivé un privilége et le don d'un premier prix, est donc ce mouvement de charnière horizontal, qui permet de l'élargir ou de la rétrécir à volonté en attachant au palonnier (dont la longueur est égale à toute la largeur de la herse) et à des points plus ou moins éloignés les uns des autres les crochets qui terminent les chaînes attachées à chaque barre longitudinale.

MM. Howard, de Bedford, ont exposé la herse articulée, pour laquelle la Société d'agriculture leur a décerné un prix en 1850. Cet instrument est formé de trois herses attachées à un palonnier, et reliées entre elles par des chaînes placées à leur partie postérieure : chacune de ces herses porte une charnière au milieu de sa traverse antérieure et de sa traverse postérieure, ce qui fait qu'elle peut s'appliquer sur un terrain creux ou bombé : ces herses portent chacune vingt et même vingt-quatre dents, ce qui fait soixante ou soixante et douze dents pour la herse entière dont la largeur est alors de plus de 5 mètres.

Cette herse est l'objet d'un privilége basé sur

l'emploi des charnières qui donnent à la herse un mouvement de flexion dans le sens vertical.

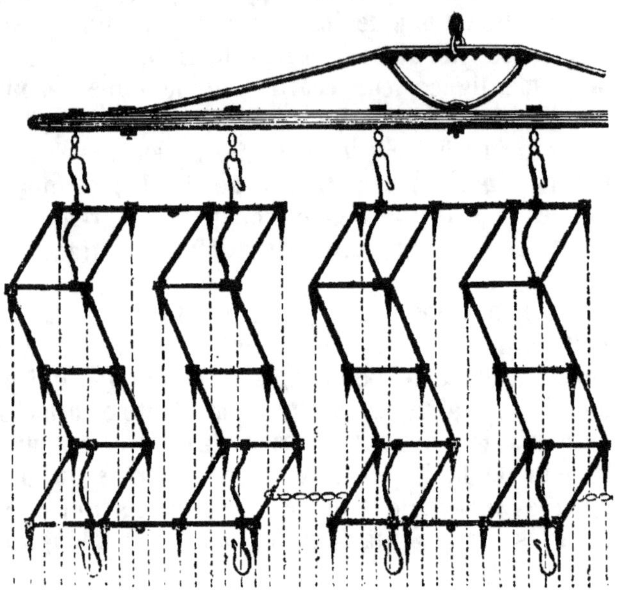

En combinant cette idée avec celle qui a présidé à la construction de la herse de M. Coleman, on donnerait à la herse, dans le sens horizontal et dans le sens vertical, une flexibilité qui pourrait être fort utile.

Pour réduire le poids et le prix d'instruments aussi grands, les constructeurs les ont fabriqués avec du **fer de 20 millim.** à peu près de largeur et de moindre épaisseur; les dents sont courtes et droites; il en résulte que ces herses, fort bonnes pour enlever les mauvaises herbes superficielles et pour rayonner le terrain, résisteraient difficilement au travail que l'on fait faire aux herses en bois et surtout aux herses de

Valcourt ; mais elles doivent être fort convenables pour les terrains légers et friables, et pour aplanir complétement le sol, quand il a été soumis à l'action du rouleau brise-mottes.

HERSE DE NORWÉGE.

Un instrument fort remarquable, que son nom classe parmi les herses, et que ses fonctions doivent beaucoup plus rationnellement faire ranger parmi les rouleaux brise-mottes, est la herse de Norwége.

Il se compose principalement de trois arbres horizontaux et parallèles qui portent chacun, suivant la largeur que l'on donne à l'instrument, de quinze à

vingt-cinq étoiles en fer, à cinq ou à six pointes; ces étoiles sont quelque peu séparées les unes des autres par leur épaisseur au centre, ou par l'interposition de petites rondelles, et sont placées de telle sorte que celles que porte l'arbre du milieu correspondent aux entre-deux des étoiles de l'arbre antérieur et de l'arbre postérieur, et se croisent avec elles. Lorsque ces étoiles sont traînées en roulant sur le sol, leurs pointes pénètrent dans les mottes et les brisent, sans pour cela comprimer le terrain comme le font les rouleaux. En dégageant les mauvaises herbes de la terre qui les enveloppe, elles facilitent le travail des herses ordinaires et le rendent beaucoup plus complet. Une terre préparée avec cet instrument, étant très-ameublie et rendue pulvérulente, convient parfaitement à l'emploi des semoirs, et se laisse pénétrer facilement par les racines des semences, ce qui est une condition extrêmement avantageuse.

Les trois axes des étoiles sont supportés, à leurs extrémités, par les traverses inférieures de deux cadres verticaux, dont les traverses supérieures sont reliées à l'encadrement général de l'instrument. Ces dernières portent deux crapaudines qui reçoivent un axe transversal en fer, aux extrémités duquel sont calées deux pièces en fonte, placées d'équerre avec lui, et qui se terminent par des bouts d'essieu qui lui sont parallèles : l'ensemble de ces dernières pièces forme donc un essieu coudé, au milieu duquel est assujettie une manivelle à deux branches opposées.

La branche supérieure est commandée par une vis horizontale dont le support est fixé sur l'entretoise postérieure de l'encadrement et à la portée du conducteur.

Lorsque l'on agit sur la vis, on tire à soi ou on éloigne la partie supérieure de la double manivelle ; sa branche inférieure fait un mouvement inverse, le corps de l'essieu coudé, en tournant, abaisse ou relève les deux roues, et par suite, soulève ou laisse descendre l'instrument.

Le mouvement que reçoit la manivelle double est transmis par deux tringles parallèles entre elles, attachées à ses extrémités et à égale distance de l'essieu à une pièce de fonte placée à la tête de l'encadrement; cette pièce de fonte est traversée par un boulon perpendiculaire à la direction du mouvement, à égale distance des points d'attache des deux tringles et sur la ligne droite qui joint ces points; elle porte deux oreilles, dans lesquelles peut tourner une tige de fer rond, dont la partie inférieure reçoit une roue d'avant-train. La pièce de fonte étant obligée à suivre le mouvement que fait la double manivelle, il en résulte que les trois roues de l'instrument sont abaissées ou relevées de la même manière. Par la puissance de la vis et la lenteur de son action, le cultivateur peut, avec la plus grande facilité, régler la profondeur à laquelle l'instrument doit pénétrer dans le sol.

Quelques constructeurs ont adapté deux roues à l'avant-train; d'autres ont rendu les roues indépendantes les unes des autres. A notre avis, une roue à l'avant-train est suffisante, et il est préférable que les trois roues soient commandées par un seul mouvement.

Il serait à désirer que le gouvernement fît l'acquisition de cet instrument qui est rare, même en Angleterre, où il n'est en usage que depuis peu d'années, car nous sommes persuadés que sa propagation serait éminemment utile à l'agriculture.

Machines pour moissonner.

Les États-Unis d'Amérique ont envoyé à Londres deux machines pour moissonner : l'une est celle de

M. Hussey, de Baltimore, et l'autre est celle de M. Mac Cornick, de Chicago (Illinois).

Elles se composent l'une et l'autre d'une table légèrement inclinée vers les plantes qu'il s'agit de couper: cette table est à $0^m,15$ environ au-dessus du sol. A l'une de ses extrémités latérales est le mécanisme qui sert à transporter l'instrument et à le faire fonctionner; un timon sert à y atteler deux chevaux.

Les organes mécaniques qui produisent le travail étant presque entièrement cachés, il ne nous est pas possible de les décrire d'une manière qui soit rigoureusement exacte; mais nous croyons pouvoir dire que ce que nous avons déduit de la vue de quelques pièces doit se rapprocher beaucoup de ce qui est, quant aux principes du mode d'action.

La table sur laquelle se couchent les tiges coupées est supportée d'un côté par de petites roulettes, et

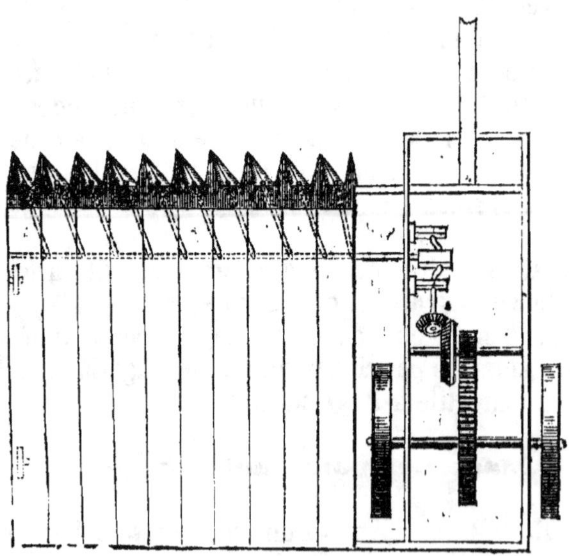

s'attache, du côté opposé, à un cadre qui repose sur l'essieu des roues motrices : l'essieu de ces roues porte un engrenage droit, qui agit sur un engrenage plus petit, et sur l'axe de celui-ci est une roue d'angle qui commande un pignon de même genre, dont l'axe, qui est coudé, sert à imprimer un mouvement de va-et-vient à une tringle qui lui est attachée.

Jusque-là les deux machines sont, nous a-t-il paru, à peu près semblables.

La table de la machine de M. Hussey porte à sa partie antérieure des lames triangulaires fixes, entre

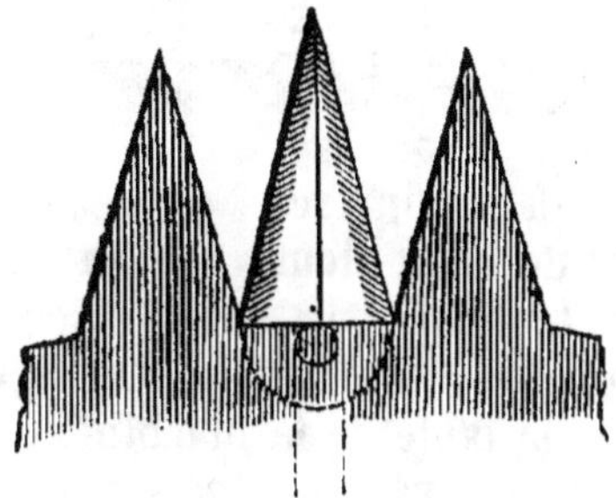

lesquelles sont placées des lames, triangulaires aussi et à deux tranchants, qui reçoivent le mouvement de va-et-vient : ces lames mobiles, en se rapprochant des lames fixes, coupent les tiges à droite et à gauche, comme le feraient des ciseaux.

La longueur des lames et le diamètre des roues qui servent à la translation de l'instrument déterminent les proportions relatives des engrenages : ainsi, les roues ayant, par exemple, $0^m,64$ de diamètre, parcourront, en une révolution, un espace de 2^m à peu près ; si les lames ont $0^m,10$ de longueur, elles couperont par un mouvement double, à droite et à gauche, une bande de $0^m,20$; elles devront donc faire dix mouvements complets pour un mouvement des roues, afin de faucher les tiges sur le parcours de 2^m que les roues leur font faire; il faut donc que les engrenages soient dans le rapport de 2 1/2 à 1 et de 4 à 1 pour produire dix mouvements de va-et-vient.

La table de la machine de M. Mac Cornick est armée, à sa partie antérieure, de pointes, ayant la forme de fers de lance, entre lesquelles les tiges de

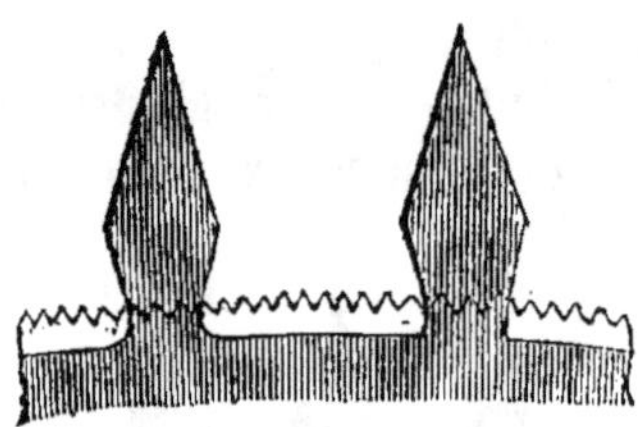

paille s'accumulent; une scie, qui reçoit directement le mouvement de va-et-vient, agit au fond des intervalles qui existent entre les fers, et coupe la paille que quatre palettes, tournant à hauteur d'homme, renversent sur la table de la machine.

On a soumis à des essais le moissonneur de M. Mac Cornick, et malheureusement nous n'en avons pas eu connaissance. Nous ne pouvons donc, quant au travail de cet instrument, que hasarder quelques observations d'autant plus circonspectes que ces essais ont obtenu, nous a-t-on dit, un succès très-brillant.

Il nous paraît que le travail de la machine doit être imparfait lorsque les champs sont cultivés en *ados*, ou lorsqu'ils présentent de petits mouvements de terrain; que les lames ne peuvent atteindre les pailles versées, et qu'il faut alors avoir recours aux moyens ordinaires. Nous n'avons pas vu que ces machines fussent pourvues de quelque moyen convenable pour éloigner les pierres; ce point est cependant fort important, car une pierre qui s'engagerait entre deux lames de la machine de M. Hussey pourrait mettre son moissonneur entièrement hors de service, et détruire une partie de la lame de scie de la machine de M. Mac Cornick.

Il nous semble donc que si l'on tient compte du prix de l'instrument, des frais d'entretien qu'il occasionne, des soins qu'il exige, du prix des journées des hommes et des chevaux, il n'est pas certain que le total de la dépense présente une différence favorable relativement au mode en usage généralement, et surtout en Belgique, où les ouvriers piqueteurs sont doués d'une adresse remarquable.

Les constructeurs anglais n'ont produit que des projets de ces sortes de machines : celui de M. W. Trotter, de Bywell, près de Newcastle, est le plus ingénieux de ces projets. Les roues de l'instrument impriment un mouvement de rotation à un axe vertical coudé; cet axe fait tourner quatre traverses, dont deux, perpendiculaires entre elles, sont fixées sur la partie rectiligne de l'axe, et dont les deux autres sont parallèles aux premières et fixées sur la partie coudée de l'axe; ces traverses sont horizontales, et sont reliées à leurs extrémités, et deux à deux, par des lames. Par

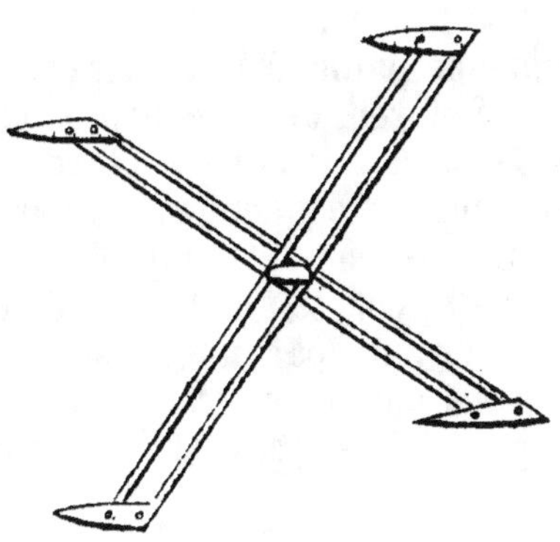

le mouvement rapide de rotation imprimé aux traverses, ces lames pénètrent comme des faux dans le
champ et coupent la paille en avançant et en se reti-
rant.

Machines à battre les gerbes.

La partie des machines à battre les gerbes, dans
laquelle se fait l'opération du battage, est restée ce
qu'elle est dans les machines de Garrett, importées
en Belgique en 1850. M. Garrett a seulement remplacé
par des cercles en fonte les cercles en bois formant
la charpente du cylindre batteur, ce qui rend cette
pièce plus solide et plus durable : c'est un détail de
construction qu'il sera bon d'imiter.

Mais si tous les constructeurs paraissent être d'ac-
cord pour considérer ce mécanisme comme parfait, il
n'en est pas ainsi quant au tire-paille, qui était d'une
construction difficile et coûteuse, lorsque l'arbre moteur présentait de vingt à ving-cinq coudes qui de-
vaient être équidistants entre eux, courbés également
par rapport à l'axe de rotation et tournés avec soin
à tous les points de frottement.

M. Garrett l'a conservé ainsi; mais plusieurs ingé-
nieurs y ont apporté des changements importants,
dont le but est de séparer autant que possible la
graine de la menue paille, d'entraîner celle-ci avec la
paille, et, par ce moyen, de faire disparaître l'encom-
brement qui se formait sous la machine, et qui obli-
geait à en suspendre fréquemment la marche.

MM. Ransome, Holmes et Tuxford, ont substitué
aux tringles quatre coffres fort légers, dont la partie
supérieure est formée par une plaque métallique
percée d'un grand nombre de trous, ou par une grille
en fil de fer, pour laisser passer le grain ; des pointes

verticales piquées le long des arêtes supérieures de

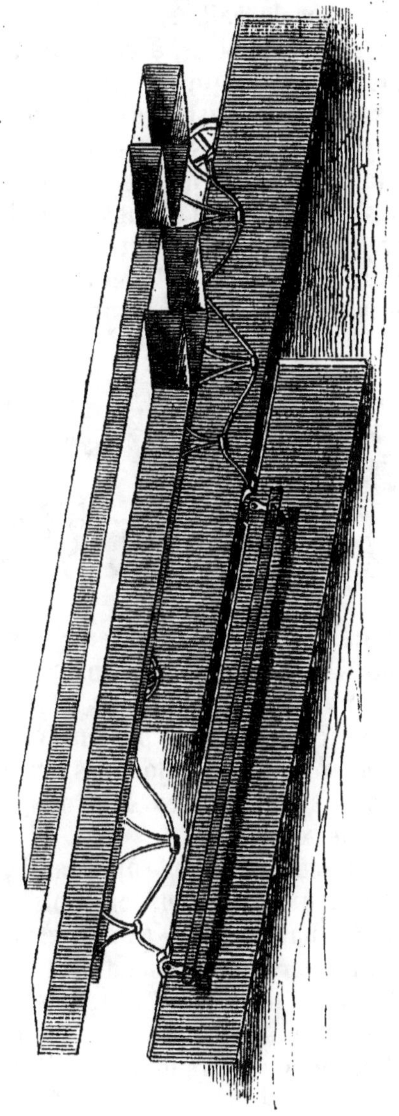

ces coffres et saillantes de 3 ou de 4 centimètres, servent à entraîner la paille.

Ces coffres sont supportés, à chacune de leurs extrémités, par un arbre qui ne doit plus avoir que quatre coudes, dont l'équidistance n'est plus nécessaire, et, par ce moyen, les coffres se soulèvent et s'abaissent horizontalement. Les arbres coudés sont reliés entre eux par des bielles de connexion, qui transmettent le mouvement de l'un à l'autre.

MM. Clayton et Shuttleworth ont conservé les tringles du tire-paille; de petits montants supportent les

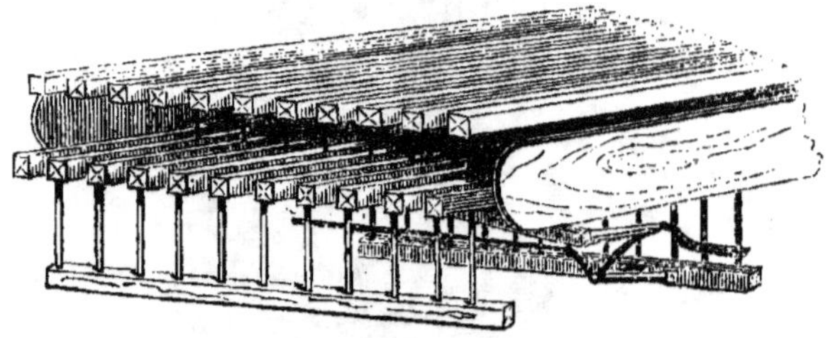

tringles impaires et les relient à deux traverses inférieures et horizontales, placées chacune vers leurs extrémités; la même disposition est adoptée pour les tringles paires : ces traverses portent chacune deux crapaudines horizontales et allongées, qui s'attachent aux arbres coudés; ces arbres sont mis en rapport entre eux par deux bielles.

La plupart de ces machines sont établies avec leur tire-paille sur deux longerons en bois portés par quatre roues. La hauteur de l'axe du grand tambour est à $1^m,80$ à peu près au-dessus du sol : la longueur du tire-paille varie de 4^m à $4^m,60$; il s'engage dans la machine jusqu'au contre-battoir, ce qui fait que l'instrument a une longueur totale de $4^m,50$ à $5^m,20$; la largeur de ces machines varie de $0^m,90$ seulement

à 1^m,30. Cette petite largeur, qui explique le bas prix
de quelques-unes de ces machines, serait considérée

en Belgique comme tout à fait insuffisante pour le
battage des pailles de 1^m,70 à 2^m de hauteur.
Plusieurs constructeurs anglais ont voulu compléter

les machines à battre en y adjoignant un ventilateur. MM. Clayton, Shuttleworth et comp. et MM. Tuxford ont placé sous ce ventilateur un grand crible ou deux grilles en fil de fer, qui s'étendent sous le tire-paille et qui reçoivent un mouvement de va-et-vient : ce crible ou ces grilles sont inclinés vers la partie postérieure de la machine et font tomber le grain du côté opposé au tire-paille.

Ces moyens sont utiles certainement en ce que, séparant presque entièrement le grain de la menue paille, ils empêchent celle-ci d'encombrer le dessus de la machine, rendent facile l'enlèvement du grain, lorsque le battage a lieu au milieu de la campagne, et font que le dernier nettoyage est aisé et prompt ; mais il est presque impossible qu'ils dispensent de soumettre le grain à cette dernière opération.

M. Tuxford, seul, nous a dit que sa machine à battre, à grilles mobiles et ventilateur, nettoie le grain complétement et de manière qu'il puisse être vendu lorsqu'il en sort. D'autres constructeurs, et notamment M. Ransome, dont l'opinion a une grande autorité, pensent que l'on ne peut arriver à ce résultat avec le ventilateur des machines à battre locomobiles, et qu'il est indispensable de recourir aux moyens en usage pour le parfait nettoyage des graines. Cette opinion sera partagée certainement par tous les agriculteurs qui savent combien il est difficile de nettoyer et de classer les grains avec les tarares, malgré le nombre de cribles dont ils sont pourvus et l'intensité de la ventilation.

Lorsque, en Belgique et en France, on tend à augmenter considérablement la largeur des machines à battre, largeur qui de 1^m,30 a été portée à 1^m,60 et à 1^m,90, les constructeurs anglais réduisent cette largeur, sans paraître craindre que cela puisse nuire au travail ou détruire la paille : les machines de grande dimension ont seulement de 0ᵐ,90 à 1ᵐ,30 de largeur, mais il y en a de beaucoup plus étroites encore. Ainsi, celle de M. Plenty n'a guère que 0ᵐ,70 de largeur, et celles de MM. Barrett, Exall et Andrews, n'ont que de 0ᵐ,45 à 1ᵐ,06 lorsqu'elles sont mises en mouvement par un manége, et n'ont que 0ᵐ,40 à 0ᵐ,45 lorsqu'elles sont mises en mouvement par bras d'homme.

Ces ingénieuses machines se composent de deux plaques parallèles en fonte, dont la partie supérieure est arrondie : l'intervalle qui les sépare est recouvert par une forte tôle ; elles présentent chacune une ouverture égale au diamètre du tambour batteur et qui sert à le placer dans la machine. Sur la moitié à peu

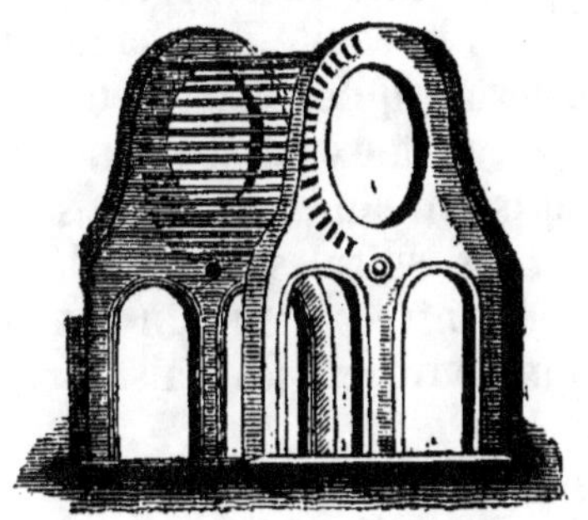

près de cette ouverture, et à 0ᵐ,15 environ du bord, ces plaques sont percées de mortaises oblongues dirigées vers le centre de l'ouverture ; c'est dans ces mortaises que s'engagent les barres de fer qui forment le contre-batteur. La largeur de ces barres étant moindre que la longueur des mortaises, on peut les éloigner du centre ou les en rapprocher ; leurs extrémités sont saillantes, en dehors des plaques, de 0ᵐ,01 à peu près, et n'ont pas beaucoup plus de largeur en

ce point. Chaque ouverture circulaire des plaques
est fermée par un plateau dont le contour porte un
engrenage, et au centre duquel passe l'arbre du tambour : la face intérieure de chaque plateau, qui est

appliqué et maintenu contre la plaque au moyen
d'oreilles en fer, est évidée en spirale, tournant, pour
l'un, de droite à gauche, et, pour l'autre, en sens
inverse ; les extrémités des barres du contre-batteur
s'engagent dans la cavité de chaque spirale, et il est
aisé de concevoir qu'en faisant tourner chaque plateau au moyen de deux pignons, montés sur un même
arbre, qui agissent simultanément sur les engrenages
des plateaux, les spirales rapprochent ou éloignent
les barres du contre-batteur du centre, et par conséquent du tambour, en les faisant glisser dans les
mortaises.

L'arbre du tambour porte un pignon que fait mouvoir un engrenage placé à la partie supérieure de la

machine, si elle est mise en mouvement à bras d'homme, et à sa partie inférieure si elle est conduite par un manége.

Dans le premier cas, l'engrenage portant 270 dents et le pignon 15 dents, la vitesse du tambour est de 540 tours si la manivelle en fait 30. Dans le second cas, le pignon porte 30 dents, mais comme le manége fait faire 95 tours à l'engrenage moteur, la vitesse du tambour est de 760 tours.

A la partie supérieure de l'appareil est une ouverture devant laquelle est la table qui reçoit les gerbes, que l'on engage poignée par poignée entre le tambour et le contre-batteur : la paille et le grain tombent sous la machine, et on doit les retirer au fur et à mesure du travail.

Le manége inventé par MM. Barrett, Exall et Andrews, et qu'ils adaptent à leurs machines, est fort bien conçu : c'est un cylindre en fonte dont la partie supérieure porte un engrenage à dents intérieures; les faces supérieure et inférieure et le con-

tour du collet du cylindre sont tournés de manière que le couvercle, qui est maintenu par un rebord, puisse tourner avec le minimum de résistance. Au centre du tambour est un arbre vertical dont l'extrémité supérieure s'engage dans le couvercle. Cet arbre porte un pignon qui reçoit son mouvement d'engrenages supportés par le couvercle, et qui s'engrènent à la fois avec le pignon et avec l'engrenage à dents intérieures : on emploie deux engrenages pour deux chevaux, trois engrenages pour trois chevaux, et quatre engrenages pour quatre chevaux. Ces engrenages sont au pignon à peu près dans le rapport de 3 à 1, et ils ont par conséquent les 3/7 du diamètre de l'engrenage du tambour : ainsi, pour faire comprendre en peu de mots cette disposition, le pignon qui est au centre s'engrène avec deux, trois ou quatre engrenages, dont le diamètre est triple du sien, et ces engrenages s'engrènent avec l'engrenage à dents intérieures qui les enveloppe. Par conséquent, lorsque les chevaux font tourner le couvercle du tambour et les engrenages qui lui sont attachés, ceux-ci, obligés de rouler dans l'engrenage extérieur, doivent tourner ; trois tours de manége leur font faire sept révolutions, et ils en font faire vingt et une par minute au pignon : l'arbre vertical du pignon, portant un engrenage conique dont le diamètre est à peu près 4 1/2 fois celui de son pignon, lui fait donc faire, ainsi qu'à la transmission de mouvement, environ 95 tours par minute.

On doit donner de la stabilité au tambour et le maintenir avec des boulons sur deux pièces de bois assemblées en croix.

Il est probable, comme nous l'avons dit, que ces machines ne seraient pas admises généralement en Belgique pour le battage des blés, mais elles pourraient rendre de bons services pour le battage du trèfle, du colza, de l'avoine, et même du froment dans les localités où la paille est courte. Il est donc à désirer que le gouvernement fasse l'acquisition de la machine à bras la plus large, pour que les fabricants aient un spécimen qui leur faciliterait la construction des machines plus ou moins fortes et leur ferait connaître un procédé ingénieux.

Quant au manége, comme il n'est pas douteux qu'il ne puisse remplacer avantageusement parfois celui de Garrett, il serait certainement bon de faire l'achat de celui qui est de la force de quatre chevaux.

M. Lebret, constructeur français distingué, a exposé une petite machine pour le battage du trèfle : elle est d'une grande simplicité à tous égards et doit être peu coûteuse.

Elle a quelque analogie avec le tarare de Garrett : un arbre à manivelle porte un cylindre, garni de tôles à aspérités, de $0^m,10$ environ de diamètre, qui traverse la trémie et entraîne le trèfle pour le livrer au batteur; à l'extrémité de cet arbre, du côté opposé à la manivelle, est un engrenage de $0^m,10$ de diamètre, et portant 21 dents, qui transmet son mouvement à un engrenage de 42 dents placé au-dessus de lui, et dont l'arbre porte des pointes qui agitent le trèfle que l'on jette dans la trémie, afin qu'il ne s'y entasse pas et qu'il soit plus parfaitement entraîné. Entre la manivelle et le corps de l'instrument est un engrenage de 207 dents, ayant environ $0^m,56$ de diamètre, qui donne le mouvement à un pignon de 18 dents placé sur l'arbre du tambour batteur. Si la manivelle fait 30 tours par minute, le tambour en fait 345. Le tambour batteur a $0^m,50$ de diamètre et $0^m,60$ de longueur : il porte 18 battants en bois, d'environ $0^m,03$ d'épaisseur et $0^m,04$ de hauteur, recouverts de tôle à aspérités ; le contre-batteur est une tôle à pointes. Cet instrument a beaucoup de ressemblance avec celui que le Musée possède.

Tarares.

Les tarares pour nettoyer le grain ne présentent pas, nous a-t-il paru, de modifications notables dans leur construction, et celui de Garrett peut encore occuper le premier rang. On a surtout essayé d'approprier les tamis, que l'on a remplacés parfois par des cribles, au nettoyage de chaque graine en particulier, mais les différences qui existent dans les graines rendent ces dispositions peu importantes.

Hache-paille.

Pour qu'un hache-paille produise le plus grand effet avec la moindre puissance, il faut : 1° que les lames agissent sur la paille en la sciant et non en déplaçant ses molécules comme le feraient des ciseaux ; 2° qu'elles ne touchent la paille que par leur tranchant, et que leur surface soit éloignée de la paille qui s'avance vers elle, afin d'éviter un frottement considérable ; 3° qu'elles ne frottent pas contre la garniture en fer de l'orifice de sortie, parce qu'il en résulte une destruction rapide de ces lames et un accroissement dans la résistance ; 4° enfin que, pour amener la paille sous les couteaux, on évite tout frottement, toute compression superflus.

De nombreuses tentatives ont été faites pour parvenir à la réalisation de ces principes : les lames convexes se mouvant dans un plan vertical sont évidemment considérées par la majorité comme étant les plus convenables pour satisfaire au premier, car sur

quatorze constructeurs, neuf ont exposé des hache-
paille à lames convexes disposées pour produire l'action de la scie ; deux ont exposé des hache-paille à
lames concaves ; un seulement a exposé un hache-
paille à tambour portant des lames en hélice, et un
seul enfin a exposé le hache-paille à guillotine, construit déjà, il y a environ huit ans, par **M. Mothes,**
de Bordeaux.

Les lames convexes ou concaves sont, en général,
fort larges : entre les boulons qui servent à les attacher à leur monture, et leur tranchant, sont des vis
de pression, au moyen desquelles on les courbe
relativement à leur largeur, de manière à rendre le
tranchant saillant pour satisfaire au second prin-
cipe.

Trois constructeurs ont placé, en avant de l'ouverture de sortie, des traverses en fer destinées à
supporter l'extrémité de la paille, afin que la lame
puisse produire son effet sans frotter contre la garniture en fer.

Enfin les cylindres de plusieurs hache-paille, au
lieu d'être cannelés, sont garnis de dents recourbées,
qui s'introduisent dans la paille, et l'entraînent comme
le feraient les doigts de l'homme : quelques-uns ont
un mouvement intermittent, pour que la paille ne
soit pas poussée contre la lame.

Nous n'avons vu aucun instrument qui réunît les
améliorations que nous venons de signaler, et il est
à remarquer que plusieurs constructeurs ont cru devoir adopter des manivelles doubles, ou des moyens
qui nécessitent l'emploi d'un manége, ce qui paraît
indiquer qu'ils ont reconnu que la force d'un homme
est souvent insuffisante.

Nous allons décrire quelques hache-paille pour faire
connaître les divers moyens employés pour transmet-

tre à la paille son mouvement de progression alternatif ou continu, les dispositions des cylindres, etc.

HACHE-PAILLE DE M. WILLAMS.

Cet instrument, dont les organes sont appuyés sur
un bâtis en fonte, se compose d'un volant portant
deux lames convexes, qui est placé latéralement à

l'ouverture de sortie de la paille et dans son plan :
une manivelle est à l'extrémité de l'arbre du volant
et en avant de l'instrument; une seconde manivelle
est montée sur un arbre placé d'équerre avec l'arbre
du volant et qui se raccorde avec lui par deux engrenages d'angle.

Le mouvement est transmis aux cylindres de la
manière suivante : un engrenage d'angle monté sur
l'arbre du volant, du côté de la manivelle, fait tourner un arbre articulé qui, passant devant l'ouverture

de sortie, s'appuie sur le bâtis en fonte dans une crapaudine mobile et reçoit un engrenage droit ; l'articulation de l'arbre et la mobilité de la crapaudine permettent de substituer à cet engrenage un engrenage plus ou moins grand, suivant le degré de vitesse que l'on veut donner aux cylindres. Cette pièce transmet le mouvement à un engrenage, dont l'arbre articulé s'attache à celui du cylindre supérieur qui entraîne la paille, et porte un pignon qui s'engrène avec un second pignon placé sur l'arbre du cylindre inférieur et lui communique le mouvement. Les deux cylindres sont cannelés longitudinalement. Un poids agit constamment sur une plaque qui comprime la paille au moment où elle sort, pour qu'elle soit coupée plus facilement. Cet instrument, dont le prix est élevé (9 liv. ou 230 francs), laisse beaucoup à désirer : le frottement des lames contre la garniture de l'orifice de sortie, celui des huit engrenages et l'emploi d'une plaque pour comprimer la paille, donnent lieu à des résistances considérables et qui exigent la force de deux hommes.

HACHE-PAILLE DE MM. DEANE, DROY ET DEANE.

Cet instrument ne diffère du précédent que par la

construction des cylindres qui entraînent la paille, et qui se composent de huit disques cylindriques disposés alternativement avec sept disques portant chacun sept dents très-recourbées. Ces dents s'introduisent dans la paille par leur convexité pour agir sur toute son épaisseur : les disques à dents des cylindres supérieur et inférieur alternent et ne se correspondent pas.

HACHE-PAILLE DE MM. RICHMOND ET CHANDLERS.

La disposition particulière que présente cet instrument consiste dans l'emploi de quatre cylindres armés de dents recourbées pour conduire la paille. Celles du cylindre inférieur, placé près de l'orifice de sortie, passent dans des entailles pratiquées dans la garniture, sur laquelle la paille s'appuie pour résister à l'action des lames. Cette manière de conduire la paille mérite de fixer l'attention des constructeurs, en ce qu'elle peut réduire les résistances et faire éviter l'enroulement de la paille qui tend souvent à s'introduire sous les garnitures.

HACHE-PAILLE DE M. CROSKILL.

Ce hache-paille présente les mêmes dispositions que les précédents, pour ce qui est de la transmission de mouvement, mais il est armé de trois lames convexes d'une largeur et d'une longueur extraordinaires : elles sont tellement recourbées que la partie qui attaque la paille présente un demi-cercle ; de pareilles lames doivent être extrêmement coûteuses. Ce hache-paille doit être mis en mouvement par un manége, le travail qu'il peut faire étant trop considérable pour la force de deux hommes.

HACHE-PAILLE DE M. LOMAX.

L'arbre du volant de cet instrument est placé au-dessus de l'orifice de sortie de la paille et dans le plan vertical passant dans le milieu, ou dans l'axe de l'auge. Le volant porte trois lames convexes assez courtes : la paille est supportée par une traverse, et les lames passent entre cette traverse et la garniture de l'orifice sans frotter contre cette garniture.

Les lames de cet instrument sont trop droites : le mouvement est transmis aux cylindres par huit engrenages : ces deux dispositions sont vicieuses, et nous ne ferions pas mention de ce hache-paille, qui est évidemment défectueux, s'il ne présentait pas une bonne idée, qui est l'écartement des lames de la garniture de l'orifice, et l'application d'un support sur lequel la paille s'appuie.

HACHE-PAILLE DE MM. SMITH ET Ce.

Ce hache-paille présente cette particularité que la paille est entraînée par une toile sans fin, sur laquelle elle repose, et par un cylindre de $0^m,15$ environ de diamètre, composé de disques, armés chacun de douze dents coniques qui ont environ $0^m,03$ de saillie et $0^m,025$ de diamètre à la base : les disques sont disposés de telle manière qu'il n'y a que trois dents qui soient sur une même génératrice du cylindre. Cet instrument, qui doit aussi servir à couper les racines, est accompagné d'un cadre qui porte six lames de scies : il est fort compliqué et il exige la puissance d'un manége.

HACHE-PAILLE DE SAMUELSON ET DE W. SMITH.

Le volant, dont l'arbre est placé latéralement à l'ouverture de sortie de la paille, porte deux lames convexes. L'arbre du volant agit par une vis sans fin sur la partie supérieure d'un engrenage à couronne, qui fait tourner le cylindre inférieur qui conduit la paille, et sur la partie inférieure d'un engrenage du même genre qui fait tourner le cylindre supérieur. Les deux engrenages à couronne sont l'un à droite et l'autre à gauche de la vis. Le cylindre supérieur

peut s'élever ou s'abaisser suivant l'épaisseur de la couche de paille qui est comprimée, non-seulement par ce cylindre, mais par une plaque de fer qui se trouve à l'orifice de sortie. La construction de ce hache-paille est simple, mais la paille qui s'avance constamment est toujours coupée à la même longueur; elle s'appuie contre les lames, ce qui donne lieu à une grande résistance, et enfin les lames frottent contre la garniture de l'orifice, ce qui présente un double inconvénient.

HACHE-PAILLE DE MM. BARRETT, EXALL ET ANDREWS.

Les deux cylindres portent deux roues à rochets dont les dents sont tournées en sens inverse : l'arbre du volant, placé parallèlement à l'axe de l'instrument, porte une plaque en fonte, à double courbure, qui fait avancer et reculer une glissière terminée par deux pieds de biche, dont l'un attaque la partie supérieure du rochet inférieur, et dont l'autre attaque la partie inférieure du rochet supérieur. On peut faire varier la course des pieds de biche, en allongeant ou en raccourcissant un boulon sur la tête duquel agit la plaque à double courbure, et par conséquent on peut couper la paille à différentes longueurs : la paille ne s'avance qu'après le passage des lames, ce qui réduit le frottement qui a lieu par suite d'un mouvement continu ; les lames sont courbées dans le sens de leur plan, et rendues saillantes par des vis de pression. Cet instrument serait donc complétement bon si les lames ne frottaient pas contre l'orifice de sortie.

HACHE-PAILLE DE M. MARYCHURCH.

L'arbre du volant, perpendiculaire à la direction de la paille, transmet le mouvement par deux roues d'angle à un second arbre, placé sous l'auge, et sur lequel sont fixées deux lames convexes fort courtes.

Ce second arbre perpendiculaire au plan de l'orifice de sortie passe en dessous de cet orifice : il porte deux lames qui abaissent un levier du premier genre dont le second bras relève une mâchoire qui comprime la paille à sa sortie : les lames agissent aussi sur un levier qui, par des rochets, imprime aux cylindres un mouvement alternatif.

Cet instrument indique de bonnes idées, mais qui n'étant que très-imparfaitement réalisées, font qu'il ne peut être classé que parmi les instruments d'un mérite secondaire.

La compression de la paille, pendant l'action des lames seulement, serait une chose très-bonne si elle était complète, mais ici cette compression ne commence qu'avec l'action des lames, elle n'est complète que lorsqu'elles sont au milieu de leur course, puis elle décroît; la paille n'est donc pas maintenue dans sa position, elle est déplacée par les lames et coupée obliquement, ce qui est défectueux.

Le mouvement alternatif des cylindres est une bonne disposition, mais ici on ne peut faire varier l'amplitude de ce mouvement.

Enfin, les lames sont courtes, n'ont pas une courbure calculée pour les faire agir en sciant, et elles frottent contre la garniture de l'orifice.

HACHE-PAILLE DE MM. RANSOME ET MAY.

Ces habiles constructeurs ont exposé, l'un des rares hache-paille à lames concaves qui figurent à l'exposition : ces lames ont une forme parfaitement calculée; les cylindres sont cannelés en hélices peu prononcées et dans le même sens; un poids agit sur le cylindre supérieur, et un ressort fait basculer une mâchoire supérieure qui comprime la paille.

Ce hache-paille est fort beau, et construit pour les transmissions de mouvement comme ceux de MM. Williams, Deane et Dray. MM. Ransome et May construisent des hache-paille à lames convexes, mais le grand assortiment qu'ils ont de hache-paille à lames concaves, et notamment celui qu'ils ont exposé, porte à croire que c'est à ceux-ci qu'ils donnent la préférence. Cette forme ne permet pas cependant d'écarter les lames de la garniture de l'orifice ni de soutenir la paille ; elle ne se prête donc pas aux perfectionnements vers lesquels on doit tendre.

HACHE-PAILLE DE MM. COTTAM ET HALLEN.

Ce hache-paille n'a qu'une seule lame concave, montée sur un volant dont l'axe est placé contre le coffre de l'instrument. A l'extrémité de l'axe est une manivelle qui soulève et abaisse un levier auquel est suspendu un crochet. Cette pièce donne le mouvement à une roue à rochet placée sur l'arbre du cylindre inférieur, et celui-ci commande par engrenage le cylindre supérieur. La paille ne s'avance que lorsque le couteau a dépassé l'ouverture, et on peut la couper à diverses longueurs en faisant varier la manivelle ; mais cet instrument n'est qu'à simple effet.

HACHE-PAILLE DE M. CROSKILL.

Quoique ce constructeur fabrique des hache-paille de divers systèmes, il n'a exposé qu'un hache-paille à tambour et à quatre lames en hélice ; cet instrument exige la puissance d'un manége ; comme il est bien connu, nous nous bornerons à dire que les cylindres cannelés se commandent au moyen de deux pignons, dont l'un est attaché par un arbre articulé au cylindre supérieur qui peut, par conséquent, s'élever ou s'abaisser : un poids, qui agit sur le cylindre supérieur, règle la compression de la paille.

HACHE-PAILLE DE M. GILLETT.

Ce constructeur a exposé deux hache-paille à guillotine que nous décrirons séparément :

1° L'arbre du volant est perpendiculaire au coffre de l'instrument et passe un peu en avant du plan de l'orifice de sortie de la paille; il est coudé, et communique un mouvement alternatif à une petite bielle attachée au cadre de la lame qui agit en descendant et en montant : le cadre est maintenu contre la garniture de l'orifice au moyen de trois traverses dont l'une sert d'appui à la paille, qui, par là, résiste mieux à la pression que la lame exerce en coupant. A l'extrémité de l'arbre du volant, et au côté droit de l'instrument, est une vis sans fin, qui fait tourner un engrenage horizontal calé sur un arbre vertical, qui descend vis-à-vis de l'extrémité des axes des cylindres entraîneurs. Cet arbre vertical porte un engrenage très-long, qui donne à la fois le mouvement à deux roues à couronnes, placées sur les axes des cylindres.

L'axe du cylindre supérieur s'appuie à chacune de ses extrémités contre deux galets placés au-dessus de lui et dont les essieux sont attachés à un ressort fixe qui sert à comprimer la paille.

Cet instrument est aussi bien fait que peut l'être un hache-paille de ce genre, mais l'entraînement de la paille étant continu, il en résulte contre la lame une pression nuisible : un second défaut est que, lorsque l'on ne bourre pas la paille, la compression se réduit à celle qu'exerce le poids du cylindre supérieur, et si l'on en met une trop grande quantité, le ressort agit trop énergiquement;

2° Le second instrument présente deux dispositions différentes de celles du premier; l'arbre coudé donne

le mouvement à un levier qui le transmet au cadre de la lame, et l'arbre vertical, qui communique le mouvement aux cylindres, porte un engrenage conique que l'on peut mettre en rapport avec un grand ou avec un petit engrenage d'angle, concentriques et calés sur l'axe du cylindre supérieur. Ce cylindre communique le mouvement au cylindre inférieur, au moyen de deux pignons droits placés à la gauche de l'instrument.

Un engrenage conique ne pouvant engrener exactement avec deux engrenages de même genre, mais de diamètres différents, la disposition dont nous venons de parler est donc vicieuse.

En résumé, il n'est aucun de ces instruments, fort remarquables d'ailleurs par le fini de leur construction, qui réunisse toutes les conditions désirables et que nous avons énumérées. L'expérience paraît avoir prouvé la supériorité des lames convexes, et la nécessité, pour réduire le frottement, de rendre concave leur surface qui est tournée vers la paille : MM. Lomax, W. Smith et Gillett ont donné les moyens de supprimer le frottement des lames contre la garniture, en soutenant la paille ; MM. Barrett, Exall et Andrews, Marychurch, Cottane et Hallen, ont montré diverses manières de ne faire avancer la paille, à longueurs variables, qu'après le passage des lames, et ils ont simplifié les transmissions de mouvement. Il reste à connaître le mode le plus convenable d'entraîner la paille avec le minimum de compression, et c'est ce que des expériences comparatives peuvent seules faire connaître, car il est impossible d'asseoir un jugement sur le mérite des moyens employés et dont la variété autorise à croire qu'aucun d'eux n'a obtenu sur les autres une prééminence prononcée.

Lave-racine.

Le seul instrument de ce genre a été exposé par M. Croskill : ce lave-racine est un cylindre de $0^m,61$ de diamètre, et de $1^m,05$ de longueur, formé par des lattes en bois, larges d'à peu près $0^m,03$, et qui laissent entre elles un intervalle de 15 à 17 millimètres : elles sont fixées dans l'intérieur de trois cercles en fer; la vis d'Archimède est formée par des palettes en bois, l'axe est aussi en bois, et ses extrémités sont munies de tourillons en fer. Le cylindre repose sur une auge en bois montée sur deux roulettes et que l'on peut conduire comme une brouette.

Coupe-racine,

Nous n'avons pas vu de coupe-racine mieux conçu que le coupe-racine cylindrique et à double effet de Gardner ; nous ne nous occuperons donc pas de cet instrument dont il existe en Belgique plusieurs bons modèles.

Concasseurs de graines.

Nous ne pouvons donner aucune description de ces instruments, parce qu'il ne nous a pas été possible d'examiner les détails des organes broyeurs qui sont renfermés dans des coffres en fonte : tout ce que nous pouvons dire, c'est qu'ils se composent, en général, d'un cylindre cannelé qui règle l'écoulement du grain, et de deux cylindres trempés, rayés en spirales allongées, qui tournent en sens inverse et sont animés de vitesses différentes.

Concasseurs de tourteaux.

On voit à l'Exposition plusieurs instruments semblables de ce genre, les uns à simple effet et les autres à double effet, dont les dispositions sont fort bien entendues.

Les concasseurs à simple effet sont formés de deux cylindres, composés l'un de 8 et l'autre de 9 disques en fonte, montés sur des arbres en fer, et qui portent chacun 12 dents quadrangulaires pointues.

Les disques de chaque cylindre se trouvant vis-à-vis du joint de deux disques du cylindre opposé, il en résulte que les dents du premier passent entre les dents du second, et que leurs pointes peuvent être presque en contact avec le corps même du cylindre correspondant : on peut rapprocher les cylindres l'un de l'autre ou les écarter. Le mouvement leur est transmis de la manière suivante : un axe à manivelle avec volant porte un pignon, qui conduit un engrenage cinq fois plus grand, calé sur l'arbre de l'un des cylindres ; du côté opposé les cylindres portent deux pignons qui s'engrènent l'un avec l'autre ; le premier qui reçoit le mouvement le transmet ainsi au second.

Le concasseur à double effet se compose de deux paires de cylindres placées l'une au-dessus de l'autre ; les cylindres supérieurs sont composés, l'un de 8 et l'autre de 9 disques, portant chacun 12 dents ; les cylindres inférieurs sont composés de 20 et 21 disques à dents quadrangulaires plus petites que celles des cylindres supérieurs ; les cylindres de chaque paire se commandent par des pignons et peuvent être rapprochés ou écartés.

Du côté opposé à ces pignons, un cylindre supérieur et celui qui est au-dessous de lui portent deux engrenages égaux de 54 dents qui engrènent l'un et l'autre avec un pignon à 9 dents, monté sur un axe qui porte un volant et une manivelle : si la manivelle fait trente tours par minute, les cylindres n'en font par conséquent que cinq.

Entre la paire de cylindres supérieurs et la paire de cylindres inférieurs, se trouve une trémie en tôle, qui est agitée par un ressort que l'un des cylindres fait vibrer. Elle porte deux glissières, dont l'une forme le fond qui est incliné, et dont l'autre est placée latéralement ; lorsque la première est fermée et que la seconde est ouverte, les débris de tourteaux grossièrement brisés sortent directement de la trémie; lorsque la première est ouverte et que la seconde est fermée, les débris de tourteaux tombent entre les deux cylindres inférieurs qui les réduisent en fragments menus. A l'extérieur de chaque cylindre sont placées des griffes qui nettoient les intervalles que présentent les dents d'un disque à l'autre.

Les cylindres sont contenus dans une boîte en fonte, dont la partie supérieure se rétrécit et présente une ouverture par laquelle on introduit le tourteau verticalement.

Machine à égrener le maïs.

La seule machine pour égrener le maïs, qui figure à l'Exposition, a été faite par MM. Allen et Cie, de New-York.

Cet instrument fort simple, et construit avec peu de soin, se compose d'un disque de fonte de 0^m,30 environ de diamètre, monté sur un arbre en fer horizontal : ce disque porte, sur sa face interne, un

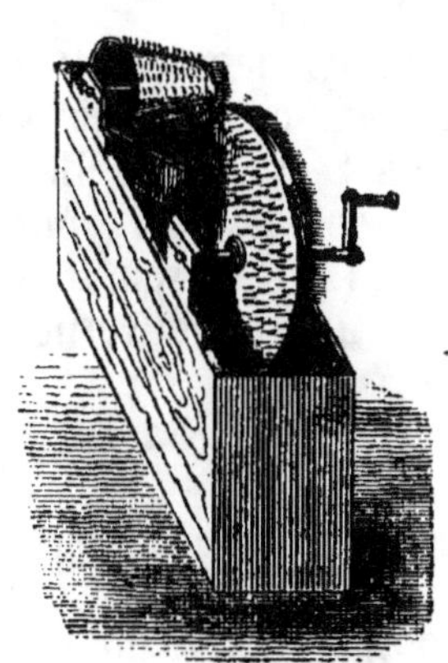

grand nombre de saillies pointues de $0^m,01$, à peu près, de longueur, venues de fonte avec lui, et, sur sa face externe, des dents placées à sa circonférence perpendiculairement à son plan, et qui en font un engrenage quelque peu barbare : cet engrenage fait mouvoir un pignon, de $0^m,10$ environ de diamètre, qui est monté sur un même arbre horizontal avec un tronc de cône en fonte, garni de saillies de 5 à 7 millimètres, et dont les génératrices embrassent un angle de 60 degrés : le disque et le tronc de cône forment donc, en projection, un angle de 60 degrés, qui est fermé par une palette à ressort, garnie de saillies. Si on engage un épi de maïs dans le triangle formé par ces trois pièces, il est maintenu par la plaque à ressort et frotté par les aspérités du disque et par celles du cône; mais l'action de ces deux pièces n'est pas la même; les aspérités du disque agissent latéralement et tendent à détacher les grains par un mouvement presque horizontal et en faisant tourner l'épi, mais sans le faire descendre, tandis que les aspérités du cône agissent verticalement. Il est probable que ce travail exige le concours d'un homme et d'un enfant.

Nous ne pouvons rien dire du mérite réel de cette petite machine que nous n'avons pas vue fonctionner, mais tout porte à croire qu'elle peut simplifier un travail qui est toujours fort bon, et comme elle ne coûte que 55 fr. (2 liv. 5 sch. 6 d.), il nous paraît qu'il serait utile que le gouvernement en fît l'achat.

Barattes.

Un très-grand nombre de barattes ont reproduit tous les systèmes connus et qui sont considérés comme plus ou moins imparfaits; nous n'en parlerons donc pas pour nous occuper uniquement de la baratte écossaise de Drummond, à laquelle une grande médaille a été décernée.

Cette machine, fort ingénieuse, et qui a captivé l'attention (on pourrait presque dire l'admiration) de tous les connaisseurs, est formée d'un coffre qu'une planche, glissant dans une rainure, divise en deux compartiments carrés : cette planche est percée en haut et en bas de quatre lignes de trous de $0^m,02$ de diamètre ; dans chaque compartiment se trouve un piston formé d'une planche carrée, percée aussi de trous de $0^m,02$ de diamètre, et qui peut se mouvoir très-librement. Les tiges de ces pistons sont forées, de manière à laisser un libre accès à l'air dans la baratte lorsqu'elle est fermée et que les pistons arrivent au point le plus bas de leur course. Aux extrémités de la caisse sont deux montants reliés par une traverse placée à leur partie supérieure : cette traverse porte une poulie à gorge placée entre les deux tiges des pistons, et à son extrémité, en dehors du coffre, elle supporte un petit volant, dont la manivelle est placée du côté opposé de la traverse : un bouton fixé à l'un des bras du volant, et assez près de son centre, fait mouvoir une bielle qui imprime un mouvement de va-et-vient à la poulie à gorge : cette bielle est attachée à la poulie en un point beaucoup plus éloigné de son centre que le bouton ne l'est du centre du volant.

Une corde passant sur la poulie, à laquelle elle est fixée en un point diamétralement opposé à l'attache de la bielle, est liée aux deux pistons et aux points où ils sortent de la caisse, lorsqu'ils s'appuient sur le fond de la baratte : une seconde corde, fixée à la poulie au-dessous du point d'attache de la bielle, est fixée aux deux pistons, vers leurs extrémités supé-

rieures; lorsque la poulie reçoit le mouvement de va-
et-vient, chaque corde soulève ou enfonce l'un des
pistons; par suite de ce mouvement, qui peut être

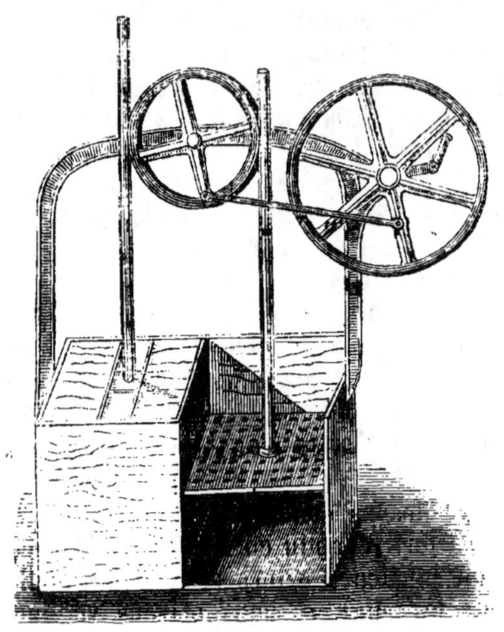

fort rapide, la crème est obligée à passer un grand
nombre de fois à travers les pistons, et d'un compartiment à l'autre, par les trous pratiqués dans la planche verticale. Ce froissement qu'éprouvent toutes les
molécules de la crème, qui est alors fort divisée, détermine la formation du beurre beaucoup plus rapidement que cela n'a lieu avec les barattes dans
lesquelles elle est simplement poussée par les agi-
tateurs.

La baratte écossaise a été immédiatement construite à Haine-Saint-Pierre et l'on a pu, avec un petit

appareil, obtenir en un quart d'heure trois kilogrammes de beurre. Avec une baratte un peu plus grande on en a obtenu cinq kilogrammes en vingt-cinq minutes, et les essais continuent. Il a été bien reconnu que les barattes exposées à Londres n'étaient disposées que pour donner une idée du système et non pour un travail réel; que des cordes ne sont pas convenables pour les attaches, qu'il faut les remplacer par des courroies; que les poulies en bois ne font pas un bon service, et que les poulies en fonte sont préférables; qu'enfin, les modèles anglais ne sont pas agencés pour que leur nettoyage et leur remplissage soient aussi faciles qu'il est nécessaire qu'ils le soient. Toutes ces imperfections ont été corrigées, et il y a lieu de penser que bientôt cet instrument sera dans les meilleures conditions.

Machines pour broyer les engrais.

L'emploi des os concassés et pulvérisés, comme engrais, est fort répandu en Angleterre, et cependant en visitant plusieurs usines et quelques ateliers où l'on broie les engrais, nous n'avons vu que deux sortes de machines construites dans ce but : l'une d'elles figure au palais de cristal dans la section des machines en mouvement; M. Croskill, qui en a exposé plusieurs de diverses dimensions, nous en a montré le travail avec une parfaite obligeance. Cette machine à broyer les engrais est fort simple : c'est un coffre cylindrique d'environ $0^m,50$ de diamètre, entièrement en métal, dont le couvercle est fixe : au centre de cette pièce est une ouverture par laquelle on introduit les substances que l'on veut broyer; à ce couvercle est fixé très-solidement un disque dont la face inférieure est tournée en creux et de manière à présenter une série de tranchants circulaires concentriques, disposés de telle sorte que sa coupe, par un plan vertical passant par le centre,

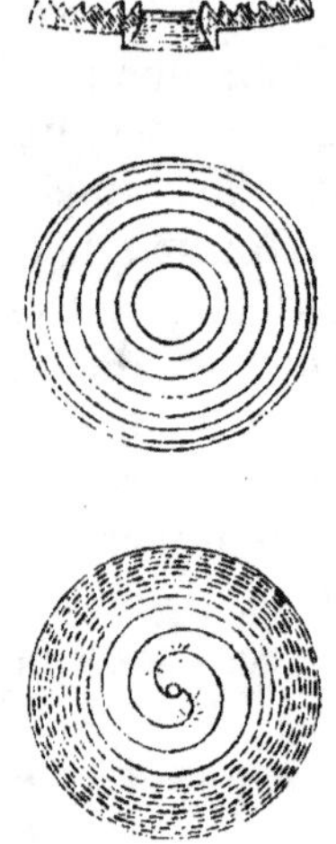

offrirait la forme d'une scie dont les dents de la partie à droite ou de la partie à gauche seraient inclinées vers le centre.

Le fond du coffre est mobile : c'est un disque au centre duquel est une pointe de laquelle partent deux spirales, dont les volutes se rapprochent de plus en plus l'une de l'autre, et se terminent en saillies interrompues. Ce disque, qui est fort rapproché du couvercle, est animé d'une grande vitesse et doit très-probablement être commandé par un volant assez puissant.

Lorsque l'on projette des os dans cette machine, ils en sortent coupés en lamelles assez minces et très-convenables, par conséquent, pour servir d'engrais ; mais ce qui démontre le mieux la puissance

6.

de l'instrument, c'est son action sur une substance
qui n'a été trouvée, nous a-t-on dit, que dans les
comtés d'Essex, de Suffolk et de Norfolk, et qui y est
fort employée ; nous voulons parler des fossiles que
l'on exploite pour utiliser le phosphate de chaux

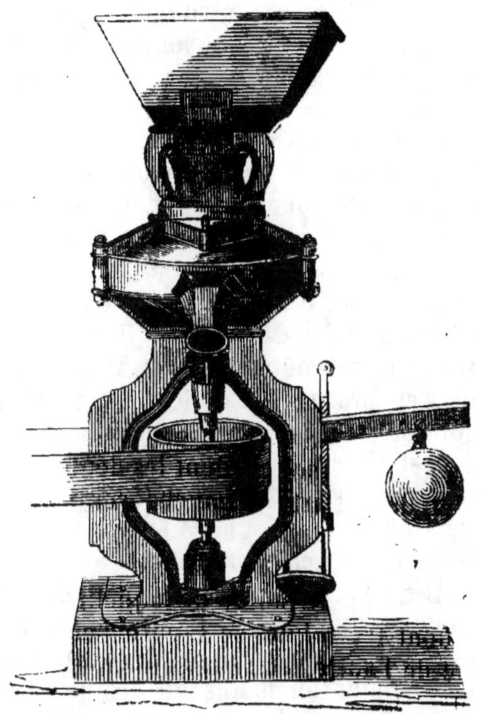

qu'ils contiennent. Les géologues ayant reconnu que
des corps vrillés fossiles de la période crétacée
n'étaient autre chose que des déjections de poissons
du genre des requins, leur ont donné le nom décent
de *coprolithe* : la signification réelle de ce mot
n'étant pas connue généralement, il a été appliqué

sans discernement à tous les organes fossiles que l'on rencontre dans ces gisements, tels que dents, vertèbres, os maxillaires, etc., dont nous avons rapporté plusieurs échantillons.

Ces fragments fossiles, qui sont d'une grande dureté, étant projetés dans la machine, sont entraînés par la force centrifuge et par les spirales du disque mobile qui les éloignent du centre, les compriment violemment contre les saillies du couvercle, les brisent, les broient, et ne les laissent sortir qu'à l'état de poussière.

Le travail est certainement bien fait, mais il est peu probable que de la fonte, même aussi dure que l'acier fondu, puisse pendant longtemps broyer une substance comparable, pour sa dureté, au silex : les disques sont d'un prix élevé car ils coûtent de 75 fr. (3 liv. sterl.) à 255 fr. (10 liv. sterl.). Pour les céréales ils ne coûtent que de 25 à 33 fr. La difficulté de s'en procurer et de les ajuster dans l'instrument sont des inconvénients qui s'opposeront à l'adoption de cette machine, même dans les localités où l'on n'emploiera que des os, lorsqu'il n'y aura pas d'ateliers où l'on puisse faire faire les réparations promptement et à peu de frais.

Les deux disques décrits précédemment agissent comme les meules d'un moulin : le disque inférieur est mobile, et par l'action d'un contre-poids on le rapproche plus ou moins du disque supérieur qui est fixe : une trémie munie d'une petite vanne est placée à la partie supérieure de l'instrument.

Lorsque l'on emploie cette machine pour moudre des grains, la transmission de mouvement se fait par engrenages ; mais on transmet le mouvement par courroies lorsque la machine est destinée à broyer des os ou des coprolithes.

La première de ces machines coûte 33 liv. sterl.
(840 fr.); le prix de la seconde est de 65 liv. sterl.
(1,650 fr.).

La seconde machine qui nous a été indiquée par
M. Ransome comme étant, selon lui, la meilleure, est
celle du Yorkshire : **MM**. Tuxford, de Boston, et
Hornsby, de Grantham, nous en ont montré deux,
pareilles l'une à l'autre, et de la force de dix chevaux.
Voici comment ces machines sont faites et quelles

sont approximativement leurs dimensions principales :

Deux cylindres, de $0^m,45$ de longueur, sont formés de vingt-deux disques de $0^m,30$ et de $0^m,25$ de diamètre placés alternativement les uns contre les autres : ces disques, qui sont en fer et en acier, ont à peu près $0^m,020$ d'épaisseur, et sont dentelés comme une scie. Les disques de $0^m,30$ d'un cylindre sont placés vis-à-vis des disques de $0^m,25$ du cylindre opposé, ce qui produit un entre-croisement : les deux cylindres se commandent par des pignons. Une trémie dans laquelle on jette les os surmonte le bâtis qui supporte les cylindres, et un homme s'occupe constamment à la remplir et à pousser les os pour qu'ils soient saisis par les cylindres et concassés : ce travail étant imparfait, les fragments d'os tombent entre deux autres cylindres placés directement au-dessous des premiers, mais qui portent chacun trente-six lames.

Les os, suffisamment concassés, tombent alors dans un crible métallique cylindrique, qui classe les fragments suivant deux ou trois degrés de grosseur.

Les cultivateurs anglais ne veulent pas, en général, que les os soient pulvérisés, parce qu'ils craignent que l'on n'y mêle des substances stériles : ils pensent aussi que les os concassés se décomposent plus lentement et d'une manière qui est très-favorable aux récoltes.

Les cylindres broyeurs se commandent deux à deux par des pignons, comme nous venons de le dire : ces pignons sont placés d'un même côté du bâtis en fonte qui forme la charpente de l'appareil; la transmission de mouvement qui est placée du côté opposé mérite une mention spéciale. L'un des cylindres supérieurs et le cylindre qui est immédiatement au-dessous de lui portent des engrenages égaux, qui reçoivent simultanément le mouvement d'un pignon monté sur l'arbre d'un engrenage qui est commandé par le pignon d'une machine de la force de dix chevaux. Les pignons des cylindres broyeurs ne sont

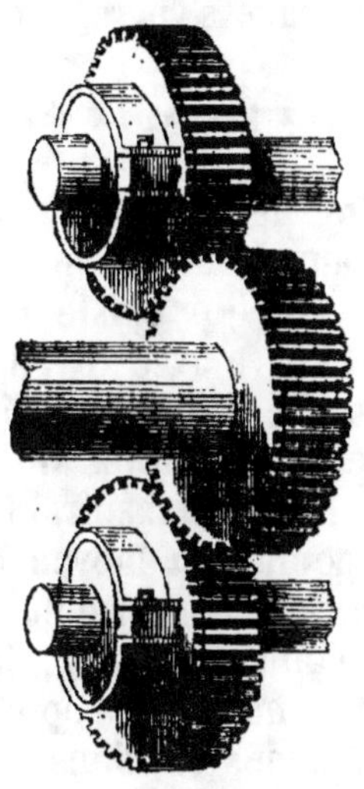

pas calés sur les arbres des cylindres, mais ils ont chacun deux saillies perpendiculaires à leur jante, et sont attachés par ces deux points à des carcans qui embrassent des poulies de friction calées sur les arbres des cylindres : le mouvement est donc transmis par l'adhérence des carcans sur les poulies de friction. Lorsqu'un corps très-dur, comme un morceau de fer ou d'acier, se trouve parmi les os, la résistance qu'il oppose est telle que la denture des engrenages pourrait être brisée; mais la puissance de la machine l'emporte sur le frottement des carcans contre les poulies de friction, et les ouvriers avertis par l'immobilité des cylindres arrêtent le moteur et enlèvent le corps dur qui s'oppose au travail.

Cette machine ne râpe pas les os : elle ne fait que les concasser, ce qui est suffisant : elle est plus solide et plus facile à réparer que celle dont nous avons parlé précédemment, mais son prix, qui est de 180 liv. sterl. (4,600 fr.), est trop élevé pour que l'on puisse espérer que l'usage s'en répande.

Tonneaux et pompes à engrais liquides.

L'Exposition ne renferme aucun instrument nouveau de ce genre : une charrette à engrais liquide est telle que celle qui existe au Musée de Bruxelles. La pompe portative avec tuyau en gutta-percha, pareille à la pompe de Weir qui est aussi au Musée, présente une amélioration qui doit être signalée : pour rendre le tuyau aspirant plus flexible, on l'a attaché à la pompe au moyen d'un tuyau en caoutchouc vulcanisé : celui-ci doit être très-court, parce que, s'il en était autrement, la pression atmosphérique le comprimerait et s'opposerait au passage du liquide. Nous avons vu, dans une ferme des environs de Boston, une pompe de ce genre, mais dont la partie supérieure était fermée par un plateau muni d'une boîte à bourrage : par ce moyen, on pouvait, en adaptant un tuyau en gutta-percha à l'orifice de sortie, élever le liquide à une assez grande hauteur.

Tombereaux.

L'emploi de la fonte pour la construction des moyeux des grosses voitures est fort répandu en Angleterre ; on en voit de nombreux exemples à l'Exposition ; mais il nous a paru que le plus souvent ces moyeux servent en même temps de boîtes d'essieux, d'où il résulte que lorsqu'ils sont usés il faut démonter entièrement la roue : ces moyeux sont donc imparfaits, et il est à désirer qu'en continuant à les faire en fonte, on leur donne une forme qui permette d'y adapter des boîtes que l'on maintiendrait, par exemple, avec des cales de bois sec, des coins en fer et des rondelles fixées aux extrémités du moyeu. Nous avons vu quelques voitures pesamment chargées dont les roues étaient entièrement en fonte et en fer laminé, et qui paraissaient fort convenables. Leur prix est plus élevé que celui des roues de bois.

Moulins à farine.

Nous ne parlerons pas ici des moulins exigeant la force de plusieurs chevaux, par la raison que la puissance motrice qu'ils exigent limite leur emploi au petit nombre de fermes qui possèdent une machine à vapeur ou une roue hydraulique adaptées à une industrie accessoire. Nous n'avons examiné avec attention que les moulins à bras qui peuvent être d'une fort grande utilité dans les fermes pour la mouture des grains que l'on donne aux bestiaux, et même pour celle du froment, du seigle, etc., pour la nourriture des personnes, lorsque les fermes sont éloignées des moulins, ou lorsqu'à certaines époques de l'année ces moulins ne peuvent fonctionner que difficilement.

Celui qui nous a paru être le plus simple, et qui, à de bonnes dispositions de détails et à un grand effet utile, joint la modicité du prix, est celui de MM. Whitmée et Chapmann (11, Ray-street, Clerkenwell, Londres). Un coffre en bois supporte un cylindre en tôle dans lequel se trouvent deux meules

en pierre de $0^m,40$ à $0^m,45$ de diamètre : la meule
inférieure est fixe, la meule supérieure est conduite
par un arbre vertical portant un engrenage d'angle,
ayant dix-huit dents, auquel le mouvement est transmis par un engrenage portant cinquante-quatre dents,

qui est calé sur un arbre portant deux manivelles ;
cet arbre fait tourner un petit blutoir ayant environ
$0^m,15$ de diamètre et $0^m,60$ de longueur, à l'extrémité duquel le son s'écoule, et qui divise la farine en
trois qualités ; avec des meules de $0^m,40$ de diamètre, un homme peut moudre et bluter, par heure,
dix-huit litres de froment et deux hommes peuvent
en moudre vingt-huit litres : avec les meules de
$0^m,45$ de diamètre, deux hommes peuvent moudre et
bluter trente-six litres de grains dans le même temps.

Ces moulins coûtent 10 et 11 liv. sterl., soit 255 fr. et 280 fr.

M. Tuxford nous a montré un moulin dont les meules avaient 0ᵐ,50 de diamètre et avec lequel deux hommes pourraient moudre, par heure, de soixante et dix à quatre-vingt-cinq litres de grains, mais ce moulin n'a pas de blutoir et il coûte 500 fr.; il est, en outre, moins facile à transporter que celui de MM. Whitmée et Chapmann.

Machines locomobiles.

On a reconnu depuis longtemps en Angleterre combien il est avantageux de pouvoir battre les ré-coltes sur place pour éviter les pertes de grains que les transports occasionnent, pour former immédiate-ment les meules de paille qui dispensent les cultiva-teurs d'avoir d'énormes granges, pour ne pas payer de doubles transports lorsque l'on doit former des meules après avoir battu les gerbes dans la grange, et, enfin, pour être en mesure de vendre de grandes quantités de grains dans le moment où leur prix est le plus élevé. Ces considérations ont déterminé les agriculteurs à adopter la machine locomobile, et cette adoption a été si générale qu'un seul atelier, celui de MM. Clayton, Shuttleworth et compⁱᵉ, entre beaucoup d'autres, a, dans un laps de douze mois seulement, du 1ᵉʳ mai 1850 au 1ᵉʳ mai 1851, vendu quatre-vingt-cinq de ces machines.

La plupart ne sont pas la propriété de cultivateurs, mais appartiennent à des personnes qui les emploient pour activer des machines à broyer des os, de petites scieries, etc., et qui louent leur machine locomobile aux agriculteurs, tantôt pour faire fonctionner les machines à battre les gerbes, tantôt pour mettre en mouvement des instruments tels que les hache-paille, les coupe-racines, les moulins à farine, etc.

L'exposition universelle est fort riche en machines locomobiles dont la construction ne laisse, en général, rien à désirer sous le rapport de l'ajustement et de l'élégance, mais qui présentent de notables différences entre elles quant aux dispositions de détails qui en constituent le mérite plus ou moins grand.

Elles sont toutes montées sur deux grandes et sur deux petites roues. La longueur totale de ces machines varie de $2^m,40$ à $2^m,60$; la largeur de la boîte à feu est d'environ $0^m,75$ à $0^m,80$; sa longueur est de $0^m,60$ à $0^m,70$, et le diamètre de la chaudière varie de $0^m,75$ à $0^m,80$; le nombre des tubes est de vingt-cinq à trente-cinq.

Les cheminées sont composées de deux tubes réunis par une charnière et assemblés par des boulons : lorsque l'on doit conduire la machine d'un point à un autre, on défait ces boulons et la partie supérieure de la cheminée est rabattue au moyen de sa charnière sur une fourche adaptée au dôme de la boîte à feu ou placée sur le cylindre de la machine motrice.

Le modérateur et la soupape de sûreté sont souvent réunis : un tuyau en fonte porte, à sa partie supérieure, la soupape de sûreté et sa balance de pression; ce tuyau, qui est vertical, porte une tubulure horizontale placée du côté du machiniste, et c'est dans cette tubulure que passe la tige du modérateur qui est lui-même attaché à une tubulure diamétralement opposée à la première.

Toutes ces machines sont munies de régulateurs à force centrifuge commandés par courroies ou par engrenages; pour éviter les pertes de chaleur, le corps de la chaudière est entouré de feutre et d'une enveloppe en bois; la pompe à eau froide est commandée directement par la tige du piston à vapeur ou par un excentrique placé sur l'arbre du volant-poulie. Il nous a paru que les boîtes à feu et les tubes sont entièrement en fer, et non en cuivre, et nous l'avons reconnu d'une manière certaine parfois.

Pour quelques machines, l'essieu des grandes roues est en deux pièces qui sont attachées à droite et à gauche de la boîte à feu; sous la boîte à fumée est un plateau circulaire qui repose sur l'avant-train formé par les petites roues; d'autres machines sont munies latéralement de deux longerons qui s'appuient sur des ressorts portés par les trains.

Les machines de MM. Tuxford, Hornsby, Clayton, Shuttleworth et Comp., offrent, quant à la génération de la vapeur et à la disposition des organes du mouvement, des dissemblances importantes.

Dans les machines de MM. Tuxford et fils, la boîte à fumée est partagée en deux parties séparées complétement l'une de l'autre par un diaphragme en tôle perpendiculaire à l'axe de la chaudière et peu éloigné de l'orifice des tubes : la flamme, après avoir parcouru à travers les tubes la longueur du corps de la chaudière, arrive dans le compartiment et revient vers le dôme de la boîte à feu sur lequel se trouve la cheminée. La flamme parcourt donc deux fois la longueur de la chaudière.

Le cylindre et le mouvement sont placés dans le second compartiment de la boîte à fumée : le cylindre est vertical, fixe ou oscillant : lorsqu'il est fixe, la traverse de la tige du piston porte deux tringles descendantes qui agissent, par deux bielles, sur un axe qui traverse, au-dessus du cylindre, le coffre dans lequel tout le mouvement est renfermé, et qui, à son extrémité en dehors du coffre, porte la poulie-volant.

Cette disposition a sans doute l'avantage de mettre le mouvement de la machine à l'abri des intempéries et de la poussière, et de s'opposer quelque peu au rayonnement de la chaleur; mais il en résulte que ce mouvement est difficilement accessible, que l'entretien et les réparations en sont coûteuses, que la surface de chauffe n'est pas convenablement utilisée, et que le tirage est faible, ce qui fait que la chaudière ne produit pas l'effet utile que l'on pourrait en obtenir.

Les cylindres à vapeur des autres machines sont, ainsi que tous leurs organes accessoires, placés à la partie supérieure de la chaudière même : M. Hornsby renferme le cylindre dans le dôme de la boîte à feu, et c'est à cette disposition, à la grande surface de chauffe que représentent 25 tubes de $0^m,05$ de diamètre intérieur, et à la facilité qu'ils donnent aux gaz de s'échapper, qu'il faut très-probablement attribuer les résultats avantageux obtenus avec ces machines.

MM. Clayton, Shuttleworth et Comp., dont les machines sont remarquables par le fini de l'exécution, et presque tous les autres constructeurs, placent le cylindre à l'extérieur de la chaudière, ce qui rend très-faciles la surveillance, l'entretien et les réparations du mouvement.

Quelques constructeurs guident la tige du piston en la faisant passer dans une douille en cuivre placée au delà du point d'attache de la bielle : d'autres la terminent par une crosse qui glisse entre deux guides, comme cela a lieu pour les locomotives : MM. Barrett, Exall et Andrews adoptent à la tige du piston une pièce en fonte dont la partie inférieure est munie de deux pièces prismatiques qui embrassent une pièce de fer le long de laquelle elle glisse, et dont on peut les rapprocher par le moyen de vis de pression : cette disposition est analogue à celle qui est en usage pour les chariots de tour.

Enfin, on voit des machines dont la tige du piston est un tube creux qui est guidé dans les boîtes à bourrage des fonds du cylindre; la bielle est articulée au milieu de ce tube, ce qui permet de rapprocher le plus possible le cylindre de l'arbre du volant, tout en donnant à la bielle la longueur la plus convenable. Cette disposition, déjà employée pour des machines fixes ou oscillantes, et qui séduit par sa simplicité, oblige à augmenter le diamètre du cylindre et accroît les frottements, ce qui peut l'emporter sur les avantages que présentent la suppression des guides et le rapprochement du cylindre de l'arbre du volant.

Pour les machines de la force de neuf chevaux et plus, MM. Clayton, Shuttleworth et Comp., emploient deux cylindres à vapeur, et l'arbre du volant porte deux coudes, disposés à angle droit l'un relativement à l'autre, comme les essieux des locomotives. La force de ces machines ne nous paraît pas être assez grande pour motiver cette disposition.

Le tableau ci-dessous, tiré du prospectus de MM. Clayton, Shuttleworth et Comp., et qui indique le résultat des épreuves qui ont eu lieu à l'exposition de la société d'Exeter, en 1850, est assez intéressant pour l'appréciation du mérite des machines de quelques constructeurs.

NOMS DES EXPOSANTS.	TEMPS pour CHAUFFER.	FORCE en CHEVAUX.	CHARBON pour CHAUFFER.	CHARBON par HEURE.	CHARBON BRÛLÉ par heure et par cheval.
Hornsby et fils.	59'	9	42 liv.	68 liv.	7 1/2 liv.
Clayton, Shuttleworth et Comp.	43'	7	36 1/2 »	54 1/2 »	7 3/4 »
Deane, Dray et Deam.	40'	4	52 1/2 »	41 1/2 »	9 3/4 »
Barrett, Exall et Andrews.	81'	7	49 1/4 »	74 »	10 1/2 »
Tuxford et fils.	90'	6	44 »	66 1/2 »	11 »
Garrett et fils.	34'	6	54 »	62 »	11 1/4 »
Hodge et Bately.	85'	6	64 »	85 »	13 3/4 »
W. Cambridge.	105'	4	60 »	112 »	28 »

Il est à remarquer qu'il existe une erreur dans les chiffres des deux dernières colonnes, relatifs à l'épreuve de la machine de MM. Garrett et fils; si le premier chiffre est exact, le second doit être 10 1/3; si le second est exact, le premier doit être 67; dans l'incertitude nous avons reproduit les chiffres donnés, mais nous croyons devoir dire que ces constructeurs garantissent un maximum de consommation de 10 livres par force de cheval et par heure.

MACHINES POUR FAIRE LES TUYAUX DE DRAINAGE.

Le drainage a des rapports si intimes avec l'agriculture qu'il ne paraîtra pas extraordinaire que nous nous occupions ici des machines employées pour la fabrication des tuyaux de drainage et de la machine que l'on a inventée pour les placer sans ouvrir des tranchées.

La machine la plus remarquable de toutes celles qui ont été exposées pour la fabrication des tuyaux de drainage, est, sans contredit, celle de MM. Randell et Saunders, de Bath; seule, elle réalise complétement l'idée du travail continu; elle coupe elle-même les tuyaux et les briques, et il nous a paru qu'elle fait éviter les déchets considérables, résultant, par l'emploi des autres machines, des explosions produites par l'air comprimé, quoique le chargement de la machine de MM. Randell et Saunders soit fait sans aucune précaution. Ce sont des avantages bien grands, et, en outre, cette machine peut produire, par heure, nous a-t-on dit, 1,800 pieds de tuyaux de deux pouces de diamètre, ou 1,000 briques. Cette assertion nous paraît être fort admissible, car, malgré les temps d'arrêt qui ont lieu pour la machine Clayton, on sait que l'on peut obtenir avec cette machine de 1,200 à 1,500 pieds de tuyaux par heure, déchets comptés.

La machine de MM. Randell et Saunders exige une puissance motrice de 2 ou 3 chevaux; elle se compose de deux vis inverses formées chacune par une lame de fer d'environ 0^m,010 d'épaisseur, tournées en hélice sur un arbre de 0^m,05 de diamètre. Ces vis ont à peu près 0^m,27 de diamètre; elles sont écartées, d'axe en axe, de 0^m,16, et, par conséquent, se pénètrent complétement; elles sont placées dans un coffre qui les entoure et dont le dessus est ouvert en partie et forme une trémie dans laquelle on jette la terre plastique.

Ces deux vis se commandent par engrenages égaux; l'arbre de l'une d'elles porte un engrenage de 72 dents qui reçoit le mouvement d'un pignon de 6 dents sur l'arbre duquel se trouve la poulie motrice.

La terre plastique, jetée dans la trémie placée au-dessus des vis, est entraînée, coupée, comprimée, et la simultanéité de ces mouvements et de ces opérations est probablement ce qui fait que l'air est complétement expulsé avant la formation des tuyaux et qu'il ne produit aucune de ces explosions qui occasionnent ordinairement des déchets ou un accroissement de main-d'œuvre.

Le travail étant continu, les tuyaux ou les briques doivent être coupés avec une grande rapidité pour que la section ne soit pas oblique; on parvient à les couper ainsi par la combinaison de deux mécanismes indépendants l'un de l'autre, d'où il résulte que l'on peut faire varier la longueur des pièces comme on le juge convenable.

Les tuyaux, en s'avançant sur une table garnie d'une toile sans fin, font tourner un rouleau qui porte à son extrémité une poulie multiple; cette poulie en commande une seconde, de même forme, placée à 0^m,75 environ au-dessus de la première et dont l'arbre porte un basculeur qu'elle fait tourner ; le basculeur suit le mouvement de la poulie pendant une demi-révolution, et comme il est seulement poussé par elle, il achève son mouvement en tournant brusquement lorsqu'il a dépassé la verticale ; c'est un pendule que l'on fait tourner autour de son point de suspension, et qui, sollicité par le poids attaché à son extrémité, achève rapidement son mouvement de rotation aussitôt que ce poids est parvenu au point culminant de sa course.

Cette chute du basculeur correspond, suivant le rapport des poulies, à la longueur que l'on veut donner aux tuyaux ou aux briques ou tuiles, et il détermine la chute ou l'élévation rapide de l'appareil qui les coupe en descendant ou en montant.

Cet appareil agit en tombant par son propre poids ; nous allons décrire les moyens employés pour l'élever et pour le laisser retomber.

L'arbre de la poulie motrice est parallèle à la machine et se termine à son extrémité, près de l'orifice de sortie des tuyaux, par une petite manivelle qui imprime un mouvement de va-et-vient angulaire à un second arbre parallèle à la table à rouleaux et qui se termine à peu près aux deux tiers de la longueur de cette table ; cet arbre communique son mouvement alternatif à une tringle recourbée en forme de crochet à son extrémité, qui fait tourner, en la tirant, une roue à rochet et par suite l'axe de cette roue.

Cet axe est placé à 0^m,75 ou 0^m,80 au-dessus de la table à rouleaux, dans le sens de la longueur de cette table et au milieu. A l'extrémité de l'axe, qui est soutenu par deux supports et par une traverse

reposant sur les supports, à $0^m,30$ environ de distance horizontale de l'extrémité de la machine, est
une boîte en tôle renfermant un ressort en spirale
attaché à l'axe et à la paroi circulaire de la boîte.
Quand le couteau, qui est un fil de cuivre transversal
attaché aux deux montants d'un châssis, est abaissé, un
taquet rend la boîte fixe. La roue à rochet en tournant
bande donc le ressort, et elle ne peut le tendre avec
trop de force parce qu'elle présente une solution de
continuité correspondante à 5 ou 4 dents, ce qui ne
permet pas à la tringle recourbée qui la commande
et qui n'accroche que 1, 2 ou 3 dents au plus à chaque mouvement, de lui faire faire plus d'un tour
entier à peu près. Lorsque le rouleau a fait tourner
les poulies multiples de telle sorte que le basculeur
soit arrivé à son point culminant, au moment où la
pièce doit être coupée, le basculeur en retombant
écarte le taquet qui rendait fixe la boîte à ressort; le
ressort en se détendant la fait tourner rapidement,
et elle élève, par le moyen d'une corde qui s'enroule
sur elle, le cadre et le fil de cuivre qui coupe la pièce;
la tension du ressort en spirale, quoique faible, maintient la boîte, et, par conséquent, le cadre reste suspendu; la boîte ayant fait un peu moins d'un tour,
son taquet ne peut l'accrocher et la rendre fixe, et
dans cette position elle présente un levier à ressort
correspondant à une saillie à laquelle le ressort en
spirale s'accroche dans l'intérieur de la boîte.

La roue à rochet, n'ayant pas participé à ces divers
mouvements, puisque le ressort n'a agi que sur sa
boîte, présente toujours la même solution de continuité à la tringle recourbée qui travaille sans pouvoir
la faire tourner; les poulies multiples ayant fait une
demi-révolution, la saillie qui commande le basculeur est de nouveau en contact avec lui, et achève

de lui faire faire un mouvement complet en le relevant; mais, en retombant pour la seconde fois, il heurte le levier qui rend la boîte dépendante du ressort en spirale; la boîte, n'étant plus maintenue par le ressort, est entraînée par le poids du châssis qui tombe et dont le fil en cuivre coupe la pièce; la boîte, revenant à sa position première, s'accroche de nouveau au ressort et, par l'impulsion qu'elle lui donne, elle fait avancer d'une ou deux dents la roue à rochet qui est de nouveau commandée par la tringle recourbée, et ainsi de suite.

Ainsi, en résumé, le ressort en spirale étant bandé, le basculeur en tombant touche le levier d'un taquet à ressort qui rendait la boîte fixe, et le ressort en spirale fait tourner la boîte qui élève le châssis; la boîte présente alors au choc du basculeur le levier du taquet qui la relie au ressort; le basculeur en retombant heurte ce levier; la boîte, n'étant plus retenue par le ressort en spirale, est entraînée par le châssis qui tombe et tourne en sens inverse; elle est de nouveau rendue fixe par le taquet qui l'accroche, en même temps qu'à l'intérieur le ressort en spirale rencontre la saillie qui le relie à la boîte.

Ce mécanisme est certainement fort ingénieux; il n'est pas aussi compliqué que cette description pourrait le faire supposer; il est facile à entretenir et à réparer, parce que les pièces en sont très-simples et n'exigent aucune précision, et comme le chargement ne demande aucun soin et n'exige pas que la terre soit comprimée, on conçoit combien la production peut être considérable et peu coûteuse.

Cette machine ne sert pas uniquement à la fabrication des tuyaux, des briques ou des tuiles; elle produit aussi des segments à languettes et rainures pour former de gros tuyaux de cheminée ou de calorifères. Les languettes et rainures longitudinales sont faites par le moule; elles sont faites transversalement par un couteau attaché au centre de la boîte à ressort, et qui en suivant son mouvement coupe la terre en tournant dans un sens et en faisant ensuite un mouvement rétrograde; il est contourné de manière à façonner la rainure dans la pièce qui précède et la languette dans celle qui suit.

En élevant ou en abaissant la boîte à ressort relativement à la boîte à rouleaux, et en allongeant ou en raccourcissant la tige du couteau, on coupe des tuyaux, de ce genre, de tous diamètres.

La machine de MM. Randell et Saunders coûte 60 liv. sterl., ou 1,530 fr., à Bath; pour produire 1,800 pieds de tuyaux de deux pouces, par heure, elle exige une force de deux chevaux, et en lui appliquant une force plus grande on obtient naturellement un résultat plus grand aussi. En comparant ce travail avec celui de la machine Clayton, on a quelques motifs de supposer qu'il y a dans la première une perte de force qui toutefois, croyons-nous, ne peut être considérable; il ne nous a pas été possible d'avoir des renseignements précis à cet égard. Cette question ayant peu d'importance, en Belgique surtout où le combustible est à bas prix, nous croyons qu'il serait fort utile, non-seulement pour la fabrication des tuyaux de drainage, mais pour l'industrie des terres plastiques en général, que le gouvernement fît l'acquisition d'une machine de ce genre, surtout si les avantages que nous avons signalés précédemment et qui nous ont paru fort probables, étaient constatés.

MACHINE DE CLAYTON.

Cette machine est trop connue en Belgique pour qu'il soit nécessaire de la décrire; nous nous bornerons à dire que les cylindres de la machine anglaise n'étant pas alésés, et que les plaques pour passer la terre étant en fonte brute, au lieu d'être en fer battu comme cela a lieu pour les machines fabriquées en Belgique, celles-ci lui sont bien supérieures sous le rapport de l'effet utile et de la solidité.

Les machines horizontales à deux coffres sont en fort grand nombre à l'exposition; quelques-unes sont faites avec le plus grand soin, mais comme elles ne sont, en général, que des machines de Williams à deux coffres, nous nous bornerons, dans ce cas, à indiquer certains détails qui méritent d'être signalés.

MACHINE DE DEAN.

Dans la machine de Dean, de Wishaw (Écosse), les deux pistons sont attachés l'un à l'autre par une vis dont l'écrou, placé à égale distance des deux coffres, ne peut que tourner sans changer de position; cet écrou tient à un engrenage d'angle qui lui transmet le mouvement; en tournant il fait marcher la vis longitudinalement, et, par conséquent, il fait avancer l'un des pistons et rétrograder l'autre.

Les tuyaux ne sont pas coupés perpendiculairement à leur axe, mais en escalier, pour rendre plus facile leur juxtaposition dans le sens vertical et pour faire éviter l'emploi des manchons.

Un cadre plus large que la table à rouleaux porte plusieurs fils en cuivre pour couper les tuyaux; ce cadre, qui est équilibré par des contre-poids agissant sur des leviers dont les petits bras le soutiennent, pour recevoir un mouvement vertical combiné avec un mouvement longitudinal en agissant sur les points d'appui.

En dehors du châssis est une barre de fer, à peu près verticale, qui est calée sur un axe transversal aux deux extrémités duquel sont deux petits leviers égaux; cet axe est supporté par un bâti fixe qui est sous le cadre; les petits leviers commandent chacun une bielle dont l'extrémité, sur laquelle le cadre s'appuie, est obligée à suivre une entaille, en forme d'escalier, pratiquée dans une garniture en tôle; il en résulte que l'ouvrier en agissant sur la barre de fer oblige la tête de la bielle à s'avancer, puis à s'élever ou à s'abaisser, puis enfin à s'avancer encore : le cadre, en suivant ces mouvements, coupe la pièce d'après la forme donnée à l'entaille qui guide la bielle.

MACHINE DE BRODY.

Dans cette machine les deux coffres sont à côté l'un de l'autre, les pistons sont commandés par un axe coudé dont les deux coudes sont opposés; l'un des tourillons de l'axe porte un engrenage commandé par un pignon dont l'arbre reçoit aussi un engrenage commandé par un pignon et par une manivelle. En faisant tourner la manivelle constamment dans le même sens, on produit le mouvement de va-et-vient de chaque piston.

Pour éviter de remplir les coffres trop souvent, le constructeur a été obligé de donner, à l'axe, des coudes fort prononcés, et il en résulte que, lorsque ces coudes sont dans le plan vertical, la résistance agissant sur un bras de levier fort grand est considérable. Pour obvier à ce défaut, le constructeur a placé, sur l'arbre de la manivelle, un engrenage qui par l'intermédiaire d'un pignon fait tourner un petit volant; en admettant même que ce moyen soit suffisant, cette machine bien médiocre montre à combien de complications conduit un point de départ vicieux.

MACHINE DE SCRAGG.

Les deux pistons sont reliés l'un à l'autre par une tige en fer, la crémaillère qui existe dans les autres machines de ce genre est remplacée par deux chaînes qui s'enroulent sur un arbre transversal placé au milieu de la machine et s'attachent à chacun des pistons. L'arbre est commandé par deux engrenages et deux pignons; lorsqu'il tourne dans un sens, il enroule deux chaînes et fait dérouler les deux autres; il fait donc rétrograder un piston, et celui-ci agit par la tige en fer sur le second piston qu'il fait avancer et qui comprime la terre. Ces dispositions laissent beaucoup à désirer, car la tige en fer et les chaînes sont d'un prix plus élevé qu'une crémaillère en fonte; il est difficile de tendre les chaînes également, et, par conséquent, leur action peut être inégale; enfin, la distance qui sépare les pistons exige que la tige en fer, pour qu'elle résiste sans vibrer, soit plus forte que si son action ne s'exerçait qu'à partir de la moitié de sa longueur; il eût été préférable d'employer, dans ce cas, un tube en fonte.

Les coffres de cette machine sont bruts, et laissent inévitablement passer de la terre entre leurs parois et les pistons; cette quantité de terre perdue a été en pareil cas de 15 à 25 pour cent. Les pistons et la section du coffre ont la forme d'un rectangle terminé à ses extrémités par deux demi-cercles, ce qui rend difficile le chargement des coffres. La seule disposition avantageuse que présente cette machine consiste en ce que les couvercles des coffres se meuvent latéralement par charnière et sont maintenus par un mouvement de bascule. Cette machine a obtenu une médaille.

MACHINE DE WHITHEAD.

Cette machine, qui est la pièce de ce genre la mieux soignée que l'on puisse voir à l'Exposition, est une machine de Williams à deux coffres opposés et dont les pistons sont reliés l'un à l'autre par deux crémaillères commandées par deux pignons et deux couples d'engrenages. Les coffres ont à peu près 0^m,20 de profondeur et 0^m,40 de largeur; elle est disposée pour être conduite par un manége, et porte un mécanisme analogue à celui des machines à dresser les métaux, au moyen duquel chaque piston, en parvenant à l'extrémité de sa course, change le mouvement qui le fait alors rétrograder.

Les couvercles des coffres sont maintenus, comme ceux de la machine de Scragg, par un rochet à ressort, et sont attachés par des charnières sur le côté de la machine.

MACHINE DE BORIE FRÈRES.

Cette machine, qui figure parmi les produits français, ne présente, nous a-t-il paru, aucune particularité remarquable; elle ressemble beaucoup à la machine de Whithead, mais elle est moins soignée; elle est construite pour être mise en mouvement à bras d'hommes, et une seule personne la fait aisément fonctionner; la course des pistons, n'ayant que de

0^m,25 à 0^m,30 d'amplitude, multiplie les temps d'arrêt, ce qui nuit au travail utile.

MACHINE DE COTTAM ET HALLEN.

MM. Cottam et Hallen ont exposé une petite machine dont tout le mérite consiste en une grande légèreté ; deux montants verticaux supportent deux paires d'engrenages qui font descendre ou monter un piston de 0^m,20 environ de diamètre, comme cela a lieu pour la machine Clayton ; le cylindre qui contient la terre est en tôle mince ; il repose sur un coffre carré à l'un des côtés duquel s'adapte la lunette qui forme le tuyau ou la tuile ; une table à rouleaux reçoit les produits ; tout cet appareil est monté sur une forte brouette ; le cylindre porte deux oreilles au moyen desquelles on le soulève : quand il est vide, et que le piston est relevé, on le remplace par un second cylindre que l'on remplit pendant que la machine fonctionne.

C'est, comme on le voit, la machine de Clayton réduite à de petites dimensions aux dépens de la solidité.

MACHINE POUR PLACER LES TUYAUX DE DRAINAGE.

Cette machine, qui a produit une grande sensation dans le monde agricole, a, comme tous les moyens nouveaux qui ne sont pas la conséquence des moyens en usage ou des idées préconçues, rencontré beaucoup d'incrédules ; mais l'expérience a parlé en sa faveur ; les objections les plus rationnelles que l'on pouvait élever ont été repoussées par des raisonnements aussi justes, et, ce qui est beaucoup mieux, par des faits ; en définitive, elle compte parmi ses partisans actuels beaucoup d'hommes éminemment capables d'apprécier sa valeur et faisant autorité : il nous paraît donc que s'il est possible de contester son utilité économique quant à certaines localités, il n'est pas possible de le faire d'une manière absolue, et qu'elle doit être prise en sérieuse considération.

On ne peut, croyons-nous, définir mieux cette machine qu'en disant que c'est une immense charrue à sous-sol : la profondeur à laquelle on veut placer les tuyaux de drainage étant déterminée, on creuse une excavation dans laquelle on fait descendre le soc de l'instrument, et on attache au soc une corde que l'on fait passer dans les tuyaux et que l'on termine par un nœud. Au moyen d'un cabestan placé à l'extrémité de la ligne que l'appareil doit parcourir, deux chevaux suffisent pour le faire avancer ; le soc entraîne la corde et les tuyaux qui se disposent régulièrement dans le canal souterrain que le soc a pratiqué, et lorsque la machine est parvenue à l'extrémité de sa course, on défait le nœud qui termine la corde et on la retire : cette dernière opération achève d'assurer la juxtaposition des tuyaux.

Une condition indispensable est que les tuyaux soient très-solides et bien droits : comme il doit en être ainsi pour que le travail soit durable, quel que soit d'ailleurs le mode que l'on emploie pour poser les tuyaux, cette condition ne peut être considérée comme étant extraordinaire, et l'on peut dire qu'elle sera imposée aux potiers en tout état de choses, au fur et à mesure que la concurrence rendra la fabrication des tuyaux plus parfaite.

On a objecté que, dans quelques terrains, on rencontre parfois des blocs de pierre d'un volume considérable que la machine ne pourrait déplacer : ses partisans répondent, avec raison, qu'en pareil cas le tiavail à la main serait aussi entravé, et qu'il faut toujours enlever l'obstacle. On ne peut donc considérer cette objection comme valable, et l'on peut supposer au contraire que l'instrument que nous allons décrire étant composé de pièces extrêmement fortes, il est présumable qu'il peut écarter, et enfoncer latéralement dans le sol, des pierres d'un volume déjà assez grand, et qui entraveraient quelquefois le travail fait à la bêche.

La machine servant à poser les tuyaux se compose de deux longerons en fer de 0^m,12 à peu près de hauteur et de 0,^{m}03 d'épaisseur, qui sont courbés dans le sens de la hauteur de manière à présenter une flèche de 0^m,50 ; leur longueur est d'environ 5 mètres : ils sont parallèles entre eux depuis l'arrière jusqu'au milieu de leur longueur, et leur écartement est de 0^m,40 à 0^m,45 ; ils se rapprochent ensuite jusqu'au point d'attache qui se trouve à leur extrémité antérieure. Six forts boulons à quatre écrous maintiennent leur écartement. Ils sont supportés à l'arrière par trois rouleaux dont l'un est placé entre eux et dont les deux autres sont placés extérieurement à droite et à gauche : à l'avant ils sont supportés par deux rouleaux. Des tirants en fer de 0^m,025 de diamètre relient, pour les consolider, les extrémités des longerons : ces tirants, qui sont formés chacun de deux pièces égales assemblées par des têtes carrées, sont supportés au milieu de leur longueur par des plaques doubles en fer qui les embrassent ainsi que les longerons, et supportent une plaque de fonte sur laquelle s'appuie la tête du porte-outil. Cette dernière pièce est une lame en fer de 0^m,25 de largeur et de 0^m,02 d'épaisseur, placée verticalement, dont la partie postérieure est taillée en crémaillère et à laquelle s'adapte un soc en fonte de forme conique.

Au moyen d'une vis sans fin verticale, de $0^m,12$ de diamètre extérieur et dont le pas est de $0^m,16$, l'ouvrier fait tourner un engrenage de $0^m,50$ de diamètre, et portant 24 dents, qui est placé parallèlement au longeron : l'axe de cet engrenage porte un pignon de $0^m,10$ de diamètre et ayant 10 dents, qui sert à faire monter ou descendre la crémaillère et le soc.

Le crochet auquel s'attache le câble qui entraîne la machine passe à travers une entretoise qui forme la tête des longerons et à travers deux forts écrous, et il s'attache à la pièce de fonte supportée par les lames verticales et que nous allons décrire : les deux écrous sont serrés de telle manière que, lorsque la traction a lieu, l'effort se transmet également à la tête des longerons et à la pièce en fonte qui entraîne un coutre et l'outil principal ; l'effort se transmet aussi par les tirants à tout l'ensemble de l'appareil.

La pièce en fonte dont il a été question précédemment est une plaque recourbée de telle sorte que ses deux parties sont parallèles et horizontales : ses extrémités ne se correspondent pas : la partie supérieure porte deux oreilles traversées par un fort boulon qui traverse aussi un galet destiné à rendre plus facile le mouvement de descente et d'ascension de la crémaillère. La partie inférieure porte également deux oreilles qui reçoivent une traverse en fer, laquelle sert d'appui à un coin qui maintient la lame porte-outil. Cette pièce traverse les deux parties de la plaque de fonte entre lesquelles sont des garnitures en fer, et des vis de pression pour maintenir le porte-outil et pour servir de point d'appui au coutre qui fraye le passage devant la crémaillère.

Lorsque l'on doit transporter la machine, on emploie un train composé de deux grandes roues dont l'essieu porte un crochet à sa partie supérieure et reçoit un timon ou flèche : ce train est assez généralement connu sous le nom de *trique-bale*.

En relevant la flèche on fait tourner l'essieu et on abaisse le crochet auquel, dans cette position, on attache la machine à peu près au-dessus de son centre de gravité; en abaissant la flèche on relève le crochet et par suite la machine, dont alors on soulève facilement la partie antérieure que l'on suspend à la flèche. Le timon est ensuite attaché à l'avant-train qui transporte le manége au moyen duquel les chevaux font avancer la machine.

Ce manége consiste en une plaque de fonte fort épaisse au milieu de laquelle s'appuie le pivot du tambour vertical sur lequel s'enroule la corde qui entraîne la machine : l'extrémité supérieure de l'arbre du tambour est saisie par un col de cygne en fonte, et se termine par un croisillon qui reçoit deux grands leviers horizontaux auxquels on attelle les chevaux : la corde passe autour d'une poulie attachée au crochet de traction.

Le moyen de transport du manége est formé par deux roues indépendantes l'une de l'autre : chaque roue est comprise entre deux fortes pièces de bois auxquelles sont boulonnées des crapaudines qui s'appuient sur les deux extrémités de l'essieu de chaque roue : ces quatre pièces de bois sont reliées par deux traverses : le timon est attaché à la traverse antérieure qui porte un petit treuil : un crochet fort solide est fixé à la traverse postérieure : lorsque l'on veut transporter le manége, on fait reculer le train qui est plus élevé, et le manége est ainsi placé dans l'espace vide qui existe entre les roues : on relève le timon, ce qui abaisse le crochet de la traverse postérieure : on attache à ce crochet la plaque en fonte du manége que l'on élève alors, en abaissant le timon, et au moyen du petit treuil on achève de soulever cette pièce : pour la décharger on suit la marche inverse.

———

Les instruments dont nous avons parlé ne sont pas les seuls qui aient attiré notre attention ; le trieur de grains de MM. Vachon, de Lyon, qui a obtenu la grande médaille, les petits moulins à cidre, les ruches, etc., méritaient bien d'être décrits; mais ces instruments sont assez connus, il en existe des descriptions complètes et des dessins dans des ouvrages imprimés il y a plusieurs années déjà, et nous avons pensé qu'au lieu de nous en occuper il valait mieux consacrer un temps bien court à étudier les instruments nouveaux ou peu répandus et à visiter quelques fabriques d'instruments d'agriculture.

La plus remarquable usine de ce genre, parmi celles que nous avons vues, est la fabrique de MM. Ransome et May, à Ipswich, petite ville située à trente-deux lieues de Londres, dans le comté de Suffolk.

Cette usine, dans laquelle on peut fabriquer des machines de tous genres, mais qui produit principalement des instruments d'agriculture, occupe une étendue de terrain considérable et emploie neuf cents ouvriers : son outillage pour les forges et la fonderie est complet : ce dernier atelier renferme huit grands cubilots, et telle est l'importance de cette partie de l'usine de MM. Ransome et May que dans une semaine seulement on a pu fabriquer jusqu'à 340 tonnes de fonte moulée, ce qui correspond à la production journalière de quatre hauts fourneaux. Cet important établissement, qui appartient depuis plus de soixante et dix ans à la même famille, présente, comme beaucoup d'usines anglaises, les traces d'un accroissement progressif, et indique que l'utilité seule, à l'exclusion de toute idée d'architecture, a déterminé la disposition des bâtiments, mais que rien de ce qui est utile n'a été négligé : placée près d'un vaste bassin qui est en communication avec une rivière navigable à l'heure de la marée, cette fabrique peut, avec la plus grande facilité, embarquer directement ses produits sur les navires qui les transportent vers tous les points du globe.

Parvenu à une position première par son mérite personnel, par sa fortune et par l'importance de ses travaux, M. Ransome a consacré des sommes importantes au bien-être de ses nombreux ouvriers : un grand nombre de jolies maisons avec jardins ont été construites pour les ouvriers mariés, et un hôtel s'élève près de l'usine pour les ouvriers célibataires ou pour ceux dont la demeure est trop éloignée pour qu'ils puissent, dans la journée, prendre leurs repas chez eux.

Cet hôtel, car ce nom est le seul qui puisse en donner une idée exacte, est un bel édifice au rez-de-chaussée duquel est une vaste salle qui sert de réfectoire et de lieu de réunion. A la hauteur du premier étage est une tribune pour la musique de l'usine : dans la salle, quatre lignes de tables sont séparées par deux lignes de petits fourneaux chauffés par le gaz : la cuisine, qui est dans une salle, voisine est chauffée par le même procédé, qui consiste à faire passer du gaz d'éclairage à travers une plaque de tôle percée d'un grand nombre de petits trous, qui donnent lieu à autant de jets de flamme dont on règle à volonté la puissance : la carte des vivres est affichée chaque jour dans la salle : viande et pommes de terre 3 pence ou 32 centimes, riz 1 penny ou 10 centimes, haricots 10 centimes ; telle était la carte du menu lorsque nous avons visité l'hôtel : ainsi pour 52 centimes un ouvrier pouvait obtenir trois fortes portions de viande et de légumes de bonne qualité. Après avoir reçu ses portions, le consommateur peut en placer deux dans les petits fourneaux qui correspondent à sa place et les tenir à tel degré de chaleur qui lui convient.

Près de la salle est la bibliothèque, qui est confiée à la garde de deux ouvriers, et qui est formée au moyen d'une retenue de 1 penny, ou un peu plus de 10 centimes par mois, sur le salaire de chaque ouvrier.

Au premier étage sont les chambres, qui sont tenues non-seulement avec propreté, mais même avec élégance. Une terrasse sur laquelle les ouvriers peuvent se promener couronne le bâtiment.

Les idées généreuses de MM. Ransome n'ont pas embrassé seulement leur usine, mais elles se sont étendues à la ville même d'Ipswich, qui leur doit un Musée d'histoire naturelle fort remarquable par les collections diverses qu'il renferme : ce Musée est ouvert deux fois par semaine jusqu'à dix heures du soir, pour que les ouvriers puissent le visiter après leurs travaux, et nous avons reconnu, par nous-mêmes, en voyant à cette heure la foule d'ouvriers qui circulait dans la salle, que l'œuvre de MM. Ransome est appréciée comme elle le mérite et ne sera pas improductive.

L'accueil que nous avons reçu de M. Robert Ransome a dépassé tout ce que l'on nous en avait dit, tout ce que nous pouvions espérer, et cet homme vénérable nous a inspiré des sentiments de reconnaissance pour lesquels toutes expressions étaient insuffisantes.

L'industrie agricole n'est point la seule qui soit redevable de progrès importants aux familles de MM. Ransome et May. Un de leurs parents, M. May, a créé à Ipswich une usine, qu'il nous a fait voir avec une obligeance parfaite : c'est de cette fabrique que sortent les objets en pierre artificielle qui occupent à l'exposition un rang fort distingué. M. May a étudié les procédés que la nature a mis en œuvre, et, par le concours de la chimie et de forces mécaniques puissantes, il réalise en quelques heures les effets séculaires des agents naturels dans les profondeurs de la terre. La dureté de ces pierres artificielles est comparable à celle des roches granitiques ou porphyriques, elles peuvent acquérir un beau poli, et leur coloration produit quelque illusion.

M. May n'est pas seulement un fabricant habile, il est aussi homme de goût : il fait donner à ses pierres artificielles les formes les plus gracieuses pour la décoration intérieure et extérieure des édifices, et il a obtenu par le moulage des bustes d'une beauté remarquable.

Une méprise nous a éloignés de Saxmundham, où nous avions l'intention de visiter la fabrique de MM. Garrett, qui emploient cinq cents ouvriers, et produisent des instruments si justement renommés.

Conduits directement à Boston, nous avons pu être admis dans l'établissement de MM. Tuxford : cet établissement occupe cent vingt ouvriers qui construisent principalement des machines locomobiles, des machines à battre les gerbes et des machines pour broyer les engrais. Ces instruments sont faits avec un soin et une perfection de main-d'œuvre fort rares, mais nous n'avons vu de remarquable que l'application à la machine à battre d'un double crible sous le tire-paille et le batteur, et, quant aux locomobiles, les dispositions que nous avons signalées en parlant de ces moteurs nous paraissent n'être pas heureuses.

MM. Clayton, Schuttleworth et Comp., à Lincoln, ont bien voulu nous laisser visiter leurs ateliers dans lesquels on compte trois cents ouvriers : cet établissement s'occupe spécialement de la fabrication des locomobiles et ne construit qu'accessoirement les machines d'agriculture : telle est la vogue dont jouissent les moteurs mobiles, que nous avons pu dans cette usine, qui en a fabriqué quatre-vingt-quatre en une année, compter sept machines terminées, huit ou dix machines dont la construction était fort avancée, et des cylindres, ou autres organes, pour une vingtaine de locomobiles. Tous ces appareils sont faits avec le soin que présentent les produits anglais, mais ils n'ont aucune supériorité sur les machines qui proviennent des bonnes fabriques de Belgique.

Le temps dont nous pouvions disposer ne nous permettant pas d'aller jusqu'à Beverley, à huit lieues de Hull, où sont les importants ateliers de M. Croskill, qui emploie, nous a-t-on dit, de sept à huit cents ouvriers, nous sommes revenus vers Grantham, où se trouve l'usine de M. Hornsby : cette usine, quoique peu importante en Angleterre, occupe à peu près cent cinquante ouvriers à la fabrication des instruments d'agriculture : nous avons parlé des locomobiles fabriquées par M. Horsnby, et qui lui ont fait décerner le premier prix dans un concours : nous avons aussi fait connaître le mouvement latéral adapté aux semoirs par cet ingénieux constructeur à qui cette innovation a fait obtenir plusieurs médailles. Il nous a paru qu'il avait apprécié avec beaucoup de tact le mérite du semoir Claes, et qu'il avait l'intention d'en doter l'agriculture de son pays.

A une petite distance de Londres, à Reading, est un établissement fort intéressant; c'est celui de MM. Barrett, Exall et Andrews, qui s'occupent spécialement de la construction des petites machines à battre avec manége, entièrement en fonte et en fer, qu'ils ont inventés assez récemment et dont ils ont déjà vendu des quantités considérables.

Nous en avons compté rapidement une quarantaine environ qui étaient en construction : dans la fonderie, une centaine de socs de charrues, coulés avant l'heure de midi, et les préparatifs d'une fabrication égale à celle-ci, témoignaient aussi de cette fabuleuse production que l'on ne voit qu'en Angleterre.

Il existe dans Londres même plusieurs ateliers qui n'y sont considérés sans doute que comme de simples boutiques de forgerons-mécaniciens, mais qui ont réellement une grande importance. Nous avons visité, entre autres, celui de MM. Whitmée qui emploient cent vingt ouvriers à la fabrication des moulins à farine portatifs dont nous avons parlé, et trouvent facilement le placement de leurs nombreux produits.

L'agriculture anglaise présente de toutes parts les preuves de l'emploi des instruments d'agriculture les plus perfectionnés : nous n'avons vu aucune terre qui ne fût ensemencée par le moyen du semoir mécanique : le sarclage et le buttage parfaits des plantes-racines étaient dus au passage d'instruments excellents : près de Boston, nous avons aperçu deux ou trois machines à battre les gerbes, et, dans les environs de Lincoln et de Leicester, plusieurs locomobiles, placées au milieu des champs, faisaient fonctionner des machines à battre qui permettaient à des cultivateurs de profiter des beaux jours pour rentrer leurs grains dans les greniers à la fin de juillet, et former des meules de paille dans la campagne, pendant que leurs chevaux étaient déjà occupés aux labours.

Le petit nombre d'usines destinées à la fabrication des instruments d'agriculture, dont nous avons parlé, occupe à peu près trois mille ouvriers, et il en existe peut-être le double ou même le triple en Angleterre : les riches campagnes des trois royaumes ne suffisent pas évidemment à une industrie aussi active : l'Angleterre, grâce à une marine qui met facilement chaque point de son littoral en rapport avec chacun des ports des continents, verse ses produits non-seulement dans ses colonies, qui ajoutent à sa population une population de 140 millions d'habitants, mais dans le monde entier, lorsque nous devons attendre, souvent pendant plusieurs mois, une occasion favorable pour des pays peu éloignés du nôtre ou subir des intermédiaires onéreux pour obtenir de l'Angleterre les moyens de transport qui nous manquent.

La prospérité des usines dont nous parlons ne provient pas, à notre avis, comme le pense un écrivain habile, de la protection que les lois anglaises accordent aux inventeurs, car d'une part le droit de 3,000 francs que l'on doit payer dans chacun des trois royaumes pour assurer un droit industriel est une charge qui est bien plus lourde que les taxes de ce genre en Belgique ou en France, et les lois anglaises sont tout aussi impuissantes que les lois des autres pays contre les imitateurs qui s'arrêtent scrupuleusement aux limites des droits de l'inventeur. Les causes de cette prospérité sont, nous le croyons, dans les débouchés assurés à l'industrie anglaise et surtout dans l'esprit de la nation.

On admet en Angleterre que tout homme doit obtenir la rémunération de son travail, et l'on ne croit pas que l'on a fait une opération heureuse quand on est parvenu à se procurer un objet quelconque à un prix ruineux pour l'artisan.

L'Anglais, quel que soit son rang, mû par cette fierté qui forme la base de son caractère, paye ce qu'on lui demande et ne marchande jamais; mais il veut que ce qu'on lui vend soit bon : aussi ne voit-on guère en Angleterre ces marchandises de pacotille que l'on fabrique sur le continent, et dont la mauvaise qualité, qui n'est jamais compensée par le bas prix, a fermé à leurs producteurs, au profit de l'Angleterre, les marchés qui leur étaient ouverts.

Lorsqu'un agriculteur anglais voit un instrument utile, il ne se demande point s'il ne pourra pas, en attendant pendant une ou deux années, obtenir cet instrument à un prix réduit : il calcule le bénéfice qu'il en obtiendra et il l'achète, parce que ce bénéfice immédiat est déjà pour lui une réduction de prix.

Les fabriques d'instruments aratoires, comme les fabriques de fer en Belgique, suivent des tarifs uniformes, et ces tarifs leur assurent de beaux bénéfices, car les métaux sont beaucoup moins chers en Angleterre que sur le continent, et la main-d'œuvre n'y est pas aussi coûteuse qu'on le croit généralement.

« Pourquoi, nous disait un constructeur, réduirions-nous nos prix, qui sont à peu près les mêmes partout, parce qu'ils ne nous donnent qu'un bénéfice raisonnable? Si l'acquéreur trouve nos instruments bien faits, il n'ira pas ailleurs; mais s'ils sont mauvais, il n'en voudra pas malgré toutes les réductions que nous pourrions faire : notre intérêt nous commande donc de ne vendre que de bons produits. »

Ce raisonnement est très-juste, mais il faut y ajouter cette considération importante que, par suite des débouchés qui lui sont ouverts, le fabricant anglais est rarement à la merci du consommateur, et qu'il est rarement sollicité à essayer l'influence de la baisse qui, en Angleterre comme ailleurs, n'engendre que la misère et ne crée pas une consommation impossible.

FIN.

TABLE DES MATIÈRES.